DIE DIAZO-VERBINDUNGEN

VON

Dr. A. HANTZSCH UND **Dr. G. REDDELIEN**

O. PROFESSOR
AN DER UNIVERSITÄT LEIPZIG

A. O. PROFESSOR
AN DER UNIVERSITÄT LEIPZIG

BERLIN

VERLAG VON JULIUS SPRINGER

1921

ISBN-13: 978-3-642-47188-9   e-ISBN-13: 978-3-642-47518-4
DOI: 10.1007/978-3-642-47518-4

Vorwort.

Der Inhalt der vorliegenden Schrift lehnt sich an das im Jahre 1902 erschienene Büchlein von A. Hantzsch „Die Diazoverbindungen" (Stuttgart, Verlag von Ferd. Enke) an. Die damals noch vielfach befehdeten Ansichten von Hantzsch über die Isomerie und Stereochemie der aromatischen Diazoverbindungen haben sich im Laufe der Zeit durch zahlreiche experimentelle Untersuchungen bestätigt und befestigt. In neuerer Zeit sind die aliphatischen Diazoverbindungen von verschiedenen Forschern sehr eingehend bearbeitet worden, und so ist auch dieses anfangs ziemlich verworrene Gebiet weitgehend aufgeklärt. Es schien demnach an der Zeit zu sein, die ganze Diazochemie einheitlich und übersichtlich zusammenzufassen, wobei Wert auf möglichste Kürze in der Darstellung gelegt wurde. Der Text der vorliegenden Schrift ist vom Unterzeichneten verfaßt, nach gemeinsamer Beratung mit Herrn Geheimrat Hantzsch, welcher auch den fertigen Schriftsatz überprüft hat. Auf Wiedergabe der seiner Zeit sehr ausgedehnten Polemik wurde größtenteils verzichtet und möglichst das Tatsächliche in den Vordergrund gestellt. Die Literatur ist bis zum April 1921 berücksichtigt. Herrn Prof. Staudinger in Zürich bin ich für die Überlassung zahlreicher Sonderabdrucke und Dissertationen zu besonderem Dank verpflichtet.

Leipzig, Mai 1921.

G. Reddelien.

Inhaltsverzeichnis.

Die Diazoverbindungen.

Einleitung.

Diazoverbindungen im weitesten Sinne des Wortes sind Körper mit zwei mehrfach gebundenen Stickstoffatomen, die einerseits von dem einfachsten, meistens ringförmig geschriebenen Diazomethan $CH_2{<}\!\!\begin{smallmatrix}N\\\|\\N\end{smallmatrix}$ begrenzt werden und andererseits, vermittelst der größten und wichtigsten Gruppe der offenen Diazobenzolverbindungen $Ar \cdot N_2X$ (Ar = aromatisches Radikal) in die echten Azokörper $Ar \cdot N : N \cdot R$ vom Typus des Azobenzols ohne scharfe Grenze übergehen.

Die Nomenklatur dieser vielgestaltigen Körpergruppe sollte eigentlich ihrer verschiedenen Konstitution möglichst genau Ausdruck verleihen. Deshalb können als wirkliche „Diazoverbindungen" streng genommen nur die Verbindungen vom Typus des Diazomethans gelten, in denen zwei Wasserstoffatome durch zwei Stickstoffatome ersetzt sind. Die salzähnlichen Verbindungen vom Ammoniumtypus $\begin{smallmatrix}Ar\\\ \\N\end{smallmatrix}\!\!{>}N \cdot X$ werden Diazoniumverbindungen genannt; alle übrigen Gruppen vom Typus $Ar \cdot N = N \cdot X$ wären rationell als Azokörper zu bezeichnen. Doch ist es allgemein üblich geworden, den Namen Azokörper nur solchen Substanzen beizulegen, bei denen die Stickstoffatome mit zwei Kohlenstoffatomen $C-N = N-C$ verbunden sind. Sind die Stickstoffatome nur einerseits mit einem Kohlenstoffatom, andererseits mit irgendeinem anderen Element verknüpft, so pflegt man von Diazokörpern zu reden. Diese Bezeichnung ist hier beibehalten.

Übersicht über die Diazoverbindungen.

Teilt man die Diazokörper in erster Linie nach ihrer empirischen Zusammensetzung und erst in zweiter Linie nach ihrem Verhalten ein, so kann man unterscheiden:

A. Offene Diazokörper von der Form $R \cdot N_2X$.

Vorwiegend Benzolderivate $Ar \cdot N_2X$ (Ar = aromatisches Radikal); seltener Derivate heterocyclischer Ringe; noch seltener der aliphatischen Reihe oder den anorganischen Verbindungen zugehörig.

Die Diazobenzolderivate gliedern sich in:

I. **Halogenverbindungen.**
   1. Diazohaloide ArN_2X, ($X = Fl$, Cl, Br, J).
   2. Diazotrihaloide ArN_2X_3, ($X = Cl$, Br, J).

II. **Sauerstoffverbindungen.**
   3. Diazosalze von Sauerstoffsäuren $ArN_2 \cdot OX$.
   4. Diazohydrate (Azohydrate) ArN_2OH (und Pseudodiazohydrate oder primäre Nitrosamine).
   5. Diazotate (Azotate) $ArN_2 \cdot OMe$.
   6. Diazooxyde (Azooxyde) $(ArN_2)_2O$.
   7. Diazoäther (Azoäther) $ArN_2 \cdot OAlk$.
   8. Sogenannte Diazophenole (eigentlich unter B. gehörig).

III. **Schwefelverbindungen.**
   9. Diazo(Azo-)Sulfhydrate, Sulfide, Polysulfide u. a. $ArN_2 \cdot SH$, $(ArN_2)_2S$, $(ArN_2)_2S_2$ u. a.
  10. Diazosulfonsäuren (Azosulfonsäuren) und deren Salze $ArN_2 \cdot SO_3H(Me)$.
  11. Diazosulfone (Azosulfone) $ArN_2 \cdot SO_2Ar$.
  12. Diazorhodanide $ArN_2 \cdot SCN$.

IV. **Stickstoffverbindungen.**
  13. Diazoaminoverbindungen (Benzol-Azoamide) $ArN_2 \cdot NH_2$; $ArN_2 \cdot NHR$; $ArN_2 \cdot NR_1R_2$.
  14. Diazoxyaminoverbindungen $ArN_2 \cdot N(OH) \cdot Ar$.
  15. Diazohydrazide $ArN_2 \cdot N(NH_2)Ar$.
  16. Bisdiazoaminoverbindungen $ArN_2 \cdot NH \cdot N_2Ar$; $ArN_2 \cdot NR \cdot N_2Ar$.
  17. Oktazone $ArN_2 \cdot NAr \cdot N_2 \cdot NAr \cdot N_2Ar$.

V. **Kohlenstoffverbindungen**; eigentliche Azokörper.
  18. Diazocyanide (Azocyanide) $ArN_2 \cdot CN$.
  19. Diazo-(Azo-)Carbonsäurederivate $ArN_2 \cdot COOMe$, $ArN_2 \cdot CONH_2$ usw.

20. Azoketone $ArN_2 \cdot COC_6H_5$ und sogenannte gemischte Azokörper $ArN_2 \cdot Alk$.
21. Azobenzolderivate $Ar \cdot N_2 \cdot Ar$.

B. **Ringförmige Diazokörper** von der Form $R_2C\!\!<\!\!\genfrac{}{}{0pt}{}{N}{N}$, vorwiegend der aliphatischen Reihe zugehörig.

I. **Mit dreigliedrigen Ringen.**

1. Diazomethanderivate $RCH\!\!<\!\!\genfrac{}{}{0pt}{}{N}{N}$ (fette Diazokörper und Diazophenole).

2. Sogenannte Diazoimide (Azide) $RN\!\!<\!\!\genfrac{}{}{0pt}{}{N}{N}$.

II. **Mit mehrgliedrigen Ringen.**

3. Mit Fünfringen. Innere Diazoanhydride von der Form

$$\begin{matrix} -C-N=N- \\ \underset{\parallel}{} \\ -C \cdot (O,\ S,\ NH) \end{matrix}\Big\rangle .$$

4. Mit Sechsringen. Bisdiazoverbindungen von der Form

$$C\!\!<\!\!\genfrac{}{}{0pt}{}{N-N}{N=N}\!\!>\!\!C .$$

Die Konstitution der aliphatischen Diazokörper der Gruppe B ist von jeher durch die obigen Ringformeln ausgedrückt worden. Neuerdings sind Formeln mit fünfwertigem Stickstoff dafür in Betracht gezogen $R_2C = N \equiv N$, ohne daß diese aber bis jetzt die Ringformeln hätten verdrängen können. Die Ansichten über die Konstitution der aromatischen Diazokörper sind, entsprechend der sehr mannigfaltigen Funktion des Diazobenzols als Base, Säure und indifferenter Komplex, sehr stark variiert und ebenso lebhaft diskutiert worden. Man kann jetzt sagen, daß in den Diazobenzolverbindungen ArN_2X, je nach der verschiedenen Konstitution und Konfiguration des anorganischen Komplexes N_2X, folgende Klassen zu unterscheiden sind, deren Existenz vorwiegend durch den chemischen Charakter der variablen Gruppe X bedingt wird.

I. Verbindungen von der Strukturformel $\overset{\text{Ar} \cdot \text{N} \cdot \text{X}}{\underset{\text{N}}{\cdots}}$; Diazoniumsalze vom Charakter der Ammoniumsalze.

II. Verbindungen von der Strukturformel $\text{Ar} \cdot \text{N} : \text{N} \cdot \text{X}$; Diazoverbindungen von azoähnlichem Charakter; eigent-
lich rationeller direkt als Azoverbindungen zu bezeichnen.
Bisweilen in zwei Stereoisomeren bestehend.

    1. Verbindungen von der Stereoformel $\overset{\text{Ar} \cdot \text{N}}{\underset{\text{X} \cdot \text{N}}{\cdots}}$; Syndiazo-
körper (sogenannte normale Diazokörper). Primäre,
labile Formen.

    2. Verbindungen von der Stereoformel $\overset{\text{Ar} \cdot \text{N}}{\underset{\text{N} \cdot \text{X}}{\cdots}}$; Anti-
diazokörper (sogenannte Isodiazokörper der Benzol-
reihe). Sekundäre, stabile Formen.

Historisches.

Die Diazokörper sind als Produkte der Einwirkung von salpetriger Säure auf Aminoverbindungen der Benzolreihe von
Peter Griess[1]) entdeckt worden. Derselbe lehrte bereits Diazoverbindungen sowohl mit Säuren als auch mit starken Basen,
endlich auch mit indifferenten Stoffen (z. B. Diazoaminokörper)
kennen; er faßte alle diese Gruppen als Verbindungen des Diazobenzols $C_6H_4N_2$ auf, also eines Benzols, in dem zwei Wasserstoffatome durch zwei Stickstoffatome ersetzt sind, und formulierte
dementsprechend folgendermaßen:

$C_6H_4N_2$, HX	$C_6H_4N_2$, MeOH	$C_6H_4N_2$, $C_6H_5NH_2$
Säuresalze	Metallsalze	Diazoaminobenzol.

Diese dualistische Auffassung der Diazoverbindungen wich
jedoch bald einer anderen. Kekulé[2]) bewies, daß dieselben nicht
nur vier, sondern noch fünf substituierbare, am Benzolrest haftende
Wasserstoffatome besitzen, und ersetzte danach die obigen Formeln
durch die folgenden:

$$C_6H_5 \cdot N_2 \cdot X \qquad C_6H_5 \cdot N_2 \cdot OK \qquad C_6H_5 \cdot N_2 \cdot NHC_6H_5$$

---

[1]) Ann. **113**, 201 (1860), **117**, 1 (1861); **121**, 257 (1862); **137**, 39 (1866).
[2]) Zeitschr. f. Ch. N. F. **2**, 308 (1866); Lehrbuch d. org. Ch. II, 715 (1866).

Ferner wurde zuerst von Blomstrand[1]), sodann von Strekker[2]) und von Erlenmeyer[3]) auf die Analogie zwischen den Säuresalzen des Diazobenzols und den Ammoniumsalzen hingewiesen und deshalb diesen Diazobenzolsalzen bereits eine Formel mit fünfwertigem Stickstoff erteilt:

$$\begin{matrix} C_6H_5 \\ \diagdown \\ N \end{matrix} \!\!\! N \cdot X, \text{ analog } H_4 \equiv N \cdot X,$$

während andererseits Kekulé, basierend auf dem leichten Übergang der Diazoverbindungen in echte Azokörper (Azofarbstoffe) mit der Gruppe $C_6H_5—N = N—C$, für alle Diazoverbindungen die azoähnliche Formel $C_6H_5—N = N—R$ annahm. Obwohl nun die drei obengenannten Forscher die Ammonium- (jetzige Diazonium-)Formel ausdrücklich nur für die Säuresalze in Anspruch nahmen, gelangte doch die Azoformel auf Grund der oben erwähnten und anderer rein chemischer Reaktionen, besonders der von E. Fischer[4]) entdeckten Reduzierbarkeit der Diazosalze zu Hydrazinen: $ArN_2X \rightarrow Ar \cdot NH \cdot NH_2$ zur fast unumschränkten Herrschaft. Diese Erscheinung ist für den damaligen Standpunkt charakteristisch. Das Bestreben, die chemischen Umsetzungen möglichst einfach zu formulieren, verwandelte sich, teils bewußt, teils unbewußt, in das Prinzip, die dieser Bedingung am besten genügenden Konstitutionsformeln als richtig anzunehmen, gleichviel ob diese Formeln auch den Ausdruck des Allgemeinverhaltens gewissermaßen des „Typus" darstellen. So geriet die Blomstrandsche Formel vom Ammoniumtypus für die Analoga der Ammoniumsalze fast in Vergessenheit; so wurde sie z. B. für das Chlorid durch die Formel $Ar \cdot N : N \cdot Cl$ ersetzt, obgleich dieselbe gar nicht die eines Salzes, sondern eines Phenylimidochlorstickstoffs ist. Man schien freiwillig darauf zu verzichten, die auffallendsten Eigenschaften des Diazobenzols, gleichzeitig als Base, als Säure und als indifferenter organischer Komplex zu fungieren, und seine eigentümlichen Spaltungen rationell zu erklären, und man begnügte sich, diese Umwandlungen durch empirische Formeln darzustellen.

---

[1]) Blomstrand, Chemie der Jetztzeit 272. 1869; Ber. 8. 51 (1875).
[2]) Ber. 4, 786 (1871).
[3]) Ber. 7, 1110 (1874).
[4]) Vgl. Ber. 10, 1337 (1877).

Erst durch Auffindung von Isomerieerscheinungen trat auch die Diazochemie in eine neue Phase. Schraube[1]) entdeckte 1894 die Isomerie der Diazotate, indem er das „normale" Griesssche Diazobenzolkalium $C_6H_5N_2OK$ in das beständigere, weniger reaktionsfähige, schwerer in Azofarbstoffe übergehende (kuppelnde) Isodiazobenzolkalium umlagerte. Da dasselbe durch Jodmethyl in Methylphenylnitrosamin $C_6H_5 \cdot NCH_3 \cdot NO$ übergeht, und da schon vorher v. Pechmann[2]) aus Diazosalzen durch Benzoylchlorid in alkalischer Lösung benzoylierte Nitrosamine $Ar \cdot N$ $(COC_6H_5) \cdot NO$ erhalten hatte, wurde das Isosalz auf Grund dieser rein chemischen Reaktionen als Phenylnitrosaminkalium C_6H_5 $\cdot NK \cdot NO$ angesehen. Bamberger[3]), der kurz darauf das Isodiazonaphthalinsalz isolierte, schloß sich der Auffassung der Isodiazosalze als Nitrosaminsalze an.

Einen prinzipiell verschiedenen Standpunkt nahm Hantzsch[4]) ein. In seiner Abhandlung „über Stereoisomerie bei Diazoverbindungen und die Natur der Isodiazokörper" wurde betont, daß die Alkylierung als Methode zur Konstitutionsbestimmung unzuverlässig sei, und daß aus dem Gesamtverhalten der Isodiazotate nur die Tautomerie ihrer Wasserstoffverbindungen im Sinne der Formeln $Ar \cdot N : N \cdot OH$ und $Ar \cdot NH \cdot NO$, nicht aber der Beweis für eine dieser Formeln hervorginge; auch wurden gegen die Auffassung der isomeren Diazotate

$$C_6H_5 \cdot N : N \cdot OMe \qquad\qquad C_6H_5 \cdot NMe \cdot NO$$
Normales Diazotat   Isodiazotat

also gegen die Existenz „strukturisomerer Alkalisalze" bzw. der daraus zu folgernden „strukturisomeren Ionen" allgemeine Bedenken geltend gemacht. Gleichzeitig wurde eine neue Diazoisomerie durch Entdeckung zweier Reihen von diazosulfonsauren Salzen $Ar \cdot N_2 \cdot SO_3Me$ (und angeblich auch von Diazoaminokörpern, s. u.) aufgefunden; die eine Reihe umfaßt die primär gebildeten, labilen, direkt kuppelnden Formen, gleicht also den Normaldiazotaten; die andere Reihe umfaßt die sekundär (durch Umlagerung) erzeugten, stabilen, nicht kuppelnden Formen. Da keines dieser neuen Diazoisomeren auf den Nitrosamintypus

---

[1]) Ber. **27**, 514 (1894).

[2]) Ber. **25**, 3505 (1892); **27**, 651 (1894).

[3]) Ber. **27**, 679 (1894).

[4]) Ber. **27**, 1702 (1894).

bezogen werden konnte, so waren nach Hantzsch auch die Isodiazotate nicht als Nitrosaminderivate zu formulieren.

Dafür wurde von ihm auf die Analogie zwischen den Oximen bzw. den Oximsalzen und den isomeren Diazosalzen hingewiesen; letztere können aus ersteren durch Substitution von (CH)''' durch (N)''' abgeleitet werden:

$$R \cdot (CH) : N \cdot OMe \qquad\qquad R \cdot (N) : N \cdot OMe$$
$$\text{Oximsalz} \qquad\qquad\qquad \text{Diazosalz.}$$

Daraus wurde endlich geschlossen: Gleich wie die isomeren Oxime nach Hantzsch und A. Werner strukturidentisch und stereoisomer sind, so sind auch die isomeren Diazotate und Diazosulfonate strukturidentisch gemäß den Formeln $Ar \cdot N : N \cdot (OMe, SO_3K)$, und stereoisomer gemäß den Formeln

$$\begin{array}{ccc} Ar \cdot N & & Ar \cdot N \\ \| & \text{und} & \| \\ (SO_3Me,\ OMe) \cdot N & & N \cdot (OMe, SO_3Me)\ . \end{array}$$

Die stereoisomeren Diazokörper bilden danach das dritte und letzte Glied der geometrisch isomeren Verbindungen mit Doppelbindung zweier mehrwertiger Kohlen- und Stickstoff-Atome, die sich auseinander durch wiederholte Substitution von (CH)''' durch N''' ableiten lassen; sie existieren danach in einer labileren Cis- oder Synkonfiguration und einer stabileren Trans- oder Antifiguration.

Doppelkohlenstoff- verbindungen	Kohlenstickstoff- verbindungen	Doppelstickstoff- verbindungen
$R_1 \cdot CH : CHR_2$	$R_1 \cdot CH : N \cdot R_2$	$R_1 \cdot N : N \cdot R_2$
(Aethylenderivate)	(Oxime, Hydrazone)	(Diazokörper)
1. R_1—C—H $\|$ R_2—C—H	1. R_1—C—H $\|$ R_2—N	1. R_1—N $\|$ R_2—N
Cisreihe	Synreihe	Synreihe
2. R_1—C—H $\|$ H—C—R_2	2. R_1—C–H $\|$ N—R_2	2. R_1—N $\|$ N—R_2
Transreihe	Antireihe	Antireihe.

Die Konfiguration der isomeren Diazoverbindungen wurde nach demselben Prinzipe wie die der beiden anderen Gruppen bestimmt. Die Synformen sind hiernach weniger symmetrisch als die Antiformen, sie sind von größerem Energiegehalt, also reaktionsfähiger (daher auch direkt kuppelnd); sie besitzen ferner die bei der typischen Diazospaltung $Ar \cdot N_2 \cdot X \rightarrow ArX + N_2$

gemeinsam austretenden Gruppen Ar und X in Nachbarstellung; sie reagieren deshalb direkt bei dieser sterisch so zu formulierenden Zersetzung:

$$\begin{matrix} Ar \cdot N \\ \| \\ X \cdot N \end{matrix} \quad \rightarrow \quad \begin{matrix} Ar \\ | \\ X \end{matrix} \quad + \quad \begin{matrix} N \\ ||| \\ N \end{matrix}$$

und können sich auch, bei geeigneter Natur der Substituenten Ar und X, direkt intramolekular anhydrisieren.

Diese Eigenschaften wurden für die sogenannten normalen Diazoverbindungen in Anspruch genommen; sie wurden also als Syndiazokörper (Ciskörper) betrachtet. Der Mangel oder die geringere Neigung, die entsprechenden Reaktionen einzugehen, sind den Isodiazokörpern eigen, die deshalb als Antidiazokörper aufgefaßt wurden. Die Nitrosamine wurden nur für die tautomeren Nebenformen der Iso-(Anti-)Diazohydrate erklärt:

$$\begin{matrix} Ar \cdot N \\ \| \\ N \cdot OH \end{matrix} \quad \rightarrow \quad \begin{matrix} Ar \cdot NH \\ | \\ NO \end{matrix} \; .$$

Diese Arbeit rief eine Gegenkritik Bambergers[1]) hervor; es wurde nachgewiesen, daß die angeblichen normalen Diazoaminokörper tatsächlich Bisdiazoaminokörper sind; es wurde ferner das Syndiazosulfonat $Ar \cdot N_2 \cdot SO_3K$ auf Grund rein chemischer (Sulfit-) Reaktionen als Diazobenzolkaliumsulfit $ArN_2 \cdot O \cdot SO \cdot OK$ gedeutet und damit die Parallele zwischen den beiden isomeren Gruppen ArN_2OK und ArN_2SO_3K ebenso wie die Parallele zwischen isomeren Diazokörpern und isomeren Oximen nicht zugegeben, sondern die Annahme stereoisomerer Diazokörper als unbegründet zurückgewiesen. Dem entgegen wurde von Hantzsch[2]) nachgewiesen, daß die letzterwähnte Sulfitformel nicht richtig sein konnte, da das labile Salz gleich dem stabilen in wässeriger Lösung nur in zwei Ionen ArN_2SO_3 und K zerfällt, und daß das Ion ArN_2SO_3 gleich dem des stabilen Salzes farbig ist, also die Azostruktur $Ar \cdot N : N \cdot SO_3$ besitzt; die angeblichen Sulfitreaktionen beweisen nur, daß das normale Salz, analog dem Quecksilbersulfonat $Hg(SO_3K)_2$, leicht unter Abspaltung von schwefeliger Säure zerfällt.

Eine weitere Kontroverse bestand bezüglich der durch v. Pech-

---

[1]) Ber. **27**, 2582, 2596, (1894).
[2]) Ber. **27**, 2099, 3527 (1894).

mann[1]) entdeckten, von Bamberger[2]) genauer untersuchten Diazoäther $ArN_2 \cdot OCH_3$. Diese nur in einer Form bekannten Sauerstoffäther, die nach sterischer Auffassung der Diazoisomerie sowohl der normalen = Synreihe als auch der Iso = Antireihe zugehören konnten, wurden von Hantzsch[3]) als Antiverbindungen betrachtet; wenn dagegen die Isodiazotate Nitrosaminderivate waren, konnten natürlich die Diazoäther keine Isodiazokörper sein. So wies Bamberger[4]) diese leicht kuppelnden Diazoäther anfangs der normalen Reihe zu, wobei jedoch der Farbstoffbildung aus Diazoäthern eine (wie sich später zeigte) zu große Bedeutung für die Konstitutionsbestimmung namentlich bei fehlender Isomerie zugemessen wurde[5]). Noch verwickelter wurde anscheinend die Diskussion über die Isodiazotate und Isodiazohydrate. Denn während Bamberger die Hydroxylformel durch die von ihm aufgefundene Synthese aus Nitrosobenzol und Hydroxylamin[6]) $(ArNO + H_2NOH = ArN_2OH + H_2O)$ auch für die freien Wasserstoffverbindungen bewiesen ansah, betonte Hantzsch demgegenüber wieder die Unmöglichkeit, die Konstitution tautomerer Körper auf rein chemischem Wege zu bestimmen, und bewies später[7]) auf elektrochemischem Wege, daß zwar die Metallsalze nach wie vor der Formel $Ar \cdot N : N \cdot OMe$, die Wasserstoffverbindungen aber in wässeriger Lösung der Formel $Ar \cdot NH \cdot NO$ entsprechen, also Pseudosäuren sind. Zum völligen Abschluß ist diese Frage jedoch erst durch den Nachweis gelangt[8]), daß diese tautomeren Wasserstoffverbindungen ArN_2OH bisweilen in beiden Isomeren, als Diazohydrate und als Nitrosamine isolierbar sind. Man kennt also danach:

$Ar \cdot N$	$Ar \cdot N$	$Ar \cdot NH$
$\dot{N} \cdot OMe$	$\dot{N} \cdot OH$	$\dot{N}O$
Antidiazotate	Antidiazohydrate	primäre Nitrosamine.

Inzwischen hatte Bamberger seine ursprünglichen Ansichten über die Natur der Diazoäther und auch über die Isomerie der

---

[1]) Ber. **27**, 672 (1894).
[2]) Ber. **28**, 227 (1895).
[3]) Ber. **27**, 2968 (1894).
[4]) Ber. **27**, 3412 (1894); **28**, 225 (1895).
[5]) Ber. **28**, 741 (1895).
[6]) Ber. **28**, 1218 (1895).
[7]) Ber. **32**, 1703 (1899).
[8]) Hantzsch u. W. Pohl, Ber. **35**, 2964 (1902).

Diazotate und Diazosulfonate aufgegeben, gleichzeitig aber gegenüber der Stereoisomerie der Diazokörper wieder eine andere
Art von Strukturisomerie befürwortet[1]). Es wurde von ihm mit
Recht die allseitig unbeachtet gebliebene Blomstrandsche Am-
moniumsalzformel der Säuresalze des Diazobenzols $\begin{matrix} C_6H_5 \cdot N \cdot X \\ \cdots \\ N \end{matrix}$
wieder eingeführt, aber gleichzeitig auch zur Erklärung der neuen
Diazoisomeren benutzt. Letztere sollten danach strukturisomer
(also nicht stereoisomer) sein gemäß den — für die Sulfonate
übrigens zuerst von V. Meyer und Jacobson[2]) vorgeschlagenen
— Formeln:

$$\begin{matrix} C_6H_5 \cdot N \cdot (OMe, SO_3Me) \\ \overset{..}{N} \end{matrix} \qquad\qquad C_6H_5 \cdot N : N \cdot (OMe, SO_3Me)$$

Phenylazoniumverbindungen   Phenylazoverbindungen
Normale Diazokörper   Isodiazokörper.

Nachdem weiter von Hantzsch[3]) in den Diazocyaniden noch
eine dritte Gruppe isomerer Diazoverbindungen entdeckt worden
war, deren zwei isomere Reihen wegen ihrer großen Ähnlichkeit als
stereoisomere Syndiazocyanide und Antidiazocyanide

$$\begin{matrix} Ar \cdot N \\ CN \cdot \overset{..}{N} \end{matrix} \quad und \quad \begin{matrix} Ar \cdot N \\ \overset{.}{N} \cdot CN \end{matrix}$$

aufgefaßt wurden, wurde von ihm[4]) ebenfalls die Blomstrandsche
Formel für die Diazohaloide wieder erwogen; doch wurde die
Ansicht bevorzugt, daß dieselben in fester Form Synkörper seien
$\begin{matrix} Ar \cdot N \\ X \cdot \overset{..}{N} \end{matrix}$, daß sie aber in wässeriger Lösung in echte Salze vom
Ammoniumtypus übergehen. Die Blomstrandsche Formel für die
Säuresalze des Diazobenzols wurde aber deshalb noch nicht
akzeptiert, weil für die in Wasser gelösten Salze auch andere
Ammoniumformeln ebenso möglich erschienen; so z. B die hydra-
tische Formel von Salzen des „Syndiazobenzolhydrats":

$$\begin{matrix} Ar \cdot N, HCl \\ HO \cdot N \end{matrix} \quad analog \quad \begin{matrix} HO \cdot N, HCl, \\ H_2 \end{matrix}$$

---

[1]) Ber. **28**, 444 (1895).
[2]) Lehrbuch der org. Chem. II, 303 (1902).
[3]) Ber. **28**, 666 (1895).
[4]) Ber. **28**, 676 (1895).

Bald darauf wurde aber von Hantzsch durch experimentelle Neustudien über die Säuresalze des Diazobenzols[1]) ihre bis ins kleinste gehende Analogie mit den Ammoniumsalzen erwiesen; deshalb wurde die Blomstrandsche Formel, für die auch schon H. Goldschmidt[2]) auf Grund des Nachweises, daß sie wie echte Salze dissoziieren, eingetreten war, ebenfalls angenommen; es wurde der Name Diazoniumsalze eingeführt, und schließlich die Existenz des unveränderten quaternären (nicht hydratisierten) „Diazoniumions" $\mathrm{Ar \cdot N{-} \atop \dot{N}}$ auch in den wässerigen Lösungen bewiesen[3]).

Es wurde aber betont, daß diese Diazoniumformel nur für die Säuresalze, nicht auch für die sog. normalen Diazotate, Diazocyanide und Sulfonate gelten könne. Denn gerade für die Normaldiazokörper, und zwar besonders scharf für die Cyanide, wurde gezeigt, daß sie wegen ihrer Ähnlichkeit mit den entsprechenden Isodiazokörpern und wegen völligen Mangels des Ammoniumcharakters nicht dem Ammoniumtypus $\mathrm{Ar \cdot N \cdot (OMe, CN, SO_3Me), \atop \ddot{N}}$ sondern nur gleich den Isokörpern dem Azotypus $\mathrm{Ar \cdot N : N \cdot (OMe, CN, SO_3Me)}$ entsprechen könnten; womit sie also nach wie vor als Synkörper den Antikörpern stereoisomer blieben. Die bisher als „normale Diazokörper" zusammengefaßte Gruppe war also nach Hantzsch in zwei scharf zu sondernde Abteilungen zu trennen: in die ammoniumähnlichen Diazoniumsalze und die azoähnlichen Syndiazokörper. Beide haben nur deshalb (scheinbar) manche Reaktionen gemeinsam, weil erstere sehr leicht in letztere übergehen entsprechend der Formulierung

$$\begin{matrix} \mathrm{Ar} & & \mathrm{R} & & \mathrm{Ar} & \mathrm{R} \\ \dot{\mathrm{N}}{=}\mathrm{N}{+} & & | & \rightarrow & \dot{\mathrm{N}}{=}\mathrm{N} \\ \dot{\mathrm{X}} & & \mathrm{Me} & & \mathrm{X}{-}\mathrm{Me} \end{matrix}$$

und weil auch umgekehrt Syndiazokörper sich sehr leicht wieder in Diazoniumsalze zurückverwandeln.

Somit war die alte, lange Zeit fast vergessene Diskussion zwischen Blomstrand und Kekulé, in der der letztere mehrere

---

[1]) Ber. **28**, 1734 (1895).
[2]) Ber. **23**, 3220 (1890); **28**, 2020, 2026 (1895); vgl. Ber. **28**, 1735, Anmerk. (1895).
[3]) Hantzsch u. Davidson, Ber. **31**, 1612 (1898).

Dezennien hindurch als Sieger erschien, jetzt dahin entschieden,
daß die Auffassung von Blomstrand für die Säuresalze, die
von Kekulé für die übrigen Diazokörper galt. Um so mehr
konzentrierte sich aber der Widerstreit der Ansichten noch auf
den Ausgangspunkt der ganzen Diskussion, also auf die Deutung
der Diazoisomerien, oder speziell der Natur der normalen Diazoverbindungen. Nach Hantzsch existierten also drei Gruppen
von Diazokörpern: 1. Diazoniumsalze, 2. normale oder Syn-
Diazokörper, 3. Iso- oder Anti-Diazokörper; nach Ansichten anderer
Autoren sollte es nur zwei Gruppen geben — Diazoniumsalze und
Diazokörper — da die normalen Diazokörper auf den Diazoniumtypus bezogen wurden. Man erklärte somit die normalen Diazotate, Cyanide und Sulfonate trotz ihrer von allen anderen, echten
Ammoniumverbindungen abweichenden Eigenschaften für Diazo-
niumverbindungen $\overset{Ar \cdot N}{\underset{N}{\cdots}} \cdot$ (OMe, CN, SO$_3$Me), und das Diazonium für ein abnormes Ammonium. Hantzsch glaubte aber
nachgewiesen zu haben, daß das Diazonium statisch ein völlig
normales Ammonium ist und daß die vermeintliche Abnormität
tatsächlich eine Umlagerung in Syndiazokörper bedeutet und nur
auf seiner Unbeständigkeit in alkalischer Lösung beruht; er zeigte
dann auch, daß diese Eigenschaft auch gar nicht eine spezielle
Eigentümlichkeit des Diazoniums ist, sondern allen ähnlich kon-
stituierten Ammoniumradikalen mit mehrfachen Bindungen am
Ammoniumstickstoff zukommt[1]), indem allgemein bei solchen
Stoffen die Möglichkeit des Überganges einer echten Base in eine
Pseudobase vorliegt:

$$R \overset{v}{\equiv} N \cdot OH \quad \rightarrow \quad HO \cdot R \overset{III}{=\!=} N.$$

Andererseits wies aber Bamberger zur Stütze seiner Annahme
von der Strukturverschiedenheit der isomeren Diazokörper darauf
hin, daß die normalen Diazoverbindungen sich anscheinend bei der
Reduktion und der Benzoylierung verschieden von den Isodiazoverbindungen verhielten; Hantzsch revidierte diese Versuche
und konstatierte dagegen ein wesentlich gleiches chemisches und
auch elektrochemisches Verhalten beider Diazotate, was ebenso
für die isomeren Diazocyanide und Diazosulfonate galt. Dadurch

---

[1]) Ber. **32**, 3109 (1899); **33**. 278 (1900).

wurde den Ausführungen Bambergers, ebenso aber auch den Kritiken Blomstrands[1]), nach denen „die Annahme von Stereoisomerie bei Diazokörpern von allen Erklärungsversuchen am unwahrscheinlichsten sei" — die Hauptstütze entzogen. Bamberger gab dann auch die Diazoniumformel für die normalen Diazotate auf, lehnte[2]) aber vorläufig noch die Stereoisomerie der Diazotate ab, indem er für die normalen Salze die folgenden Formeln vorschlug:

$$\text{Ar} \cdot \text{N} \!-\! \text{N} \cdot \text{Me} \qquad\qquad \text{Ar} \cdot \text{N} : \text{N} \cdot \text{Me}$$
$$\diagdown\diagup \qquad\qquad\qquad\qquad \overset{..}{} $$
$$\text{O} \qquad\qquad\qquad\qquad\qquad \text{O}$$

Diese Formeln sind eigentlich keine Diazoformeln mehr und führen zu dem Widerspruch, daß die Normaldiazotate, obwohl sie die allbekannten Diazoreaktionen viel charakteristischer zeigen als die Isodiazotate (also z. B. viel leichter den Diazostickstoff abspalten und viel leichter in Azokörper übergehen) und dabei doch glatt sich zu den Isodiazotaten isomerisieren lassen, überhaupt aus der Reihe der Diazoverbindungen zu streichen wären. Die Formeln wurden von Hantzsch[3]) eingehend kritisiert und widerlegt und wurden auch von Bamberger[4]) bald fallen gelassen. Später hat Bamberger seine ablehnende Haltung gegenüber der Stereoisomerie der Diazotate schließlich auch aufgegeben und die Analogie mit der Stereoisomerie der Oxime anerkannt, wozu ihn hauptsächlich eigene Versuche über das analoge Verhalten der Oxime und Diazoverbindungen bei der Oxydation (s. S. 59) veranlaßten[5]).

Die Existenz der drei Diazotypen: Diazoniumsalze, Syndiazokörper und Antidiazokörper wäre anscheinend am einfachsten direkt zu beweisen gewesen durch den Nachweis einer Verbindung ArN_2X in allen drei isomeren Formen. Dieser Nachweis dürfte jedoch aus folgenden Gründen nicht zu erbringen sein: Schon die gesonderte Isomerie zwischen Syn- und Anti-Diazokörpern ist nur für einige wenige Fälle zu realisieren. Gesonderte Isomerie zwischen Diazoniumsalzen und Diazokörpern wird aber deshalb schwerlich

[1]) Journ. pr. Chem. **53**, 169 (1896); **54**, 305 (1896); **55**, 496 (1897).
[2]) Ann. Chem. **313**, 97 (1900).
[3]) Ann. 250 (1902).
[4]) Ber. **36**, 4054 (1904).
[5]) Ber. **45**, 2055, Anmerk. (1912).

bestehen, weil es gerade von der Natur der Gruppe X abhängt, ob·
eine Verbindung ArN_2X als Diazoniumsalz oder als indifferenter
Diazokörper existiert; oder mit anderen Worten, weil sich schwerlich
eine Gruppe X finden wird, die eine Isomerie zwischen einem Salz
und einer organischen Verbindung ermöglicht.

Jedoch ist als Ersatz für diese fehlende direkte Isomerie von
Hantzsch die von ihm als „Ionisationsisomerie“ bezeichnete
Beziehung zwischen Syndiazokörpern und Diazoniumsalzen nachgewiesen worden, wonach gewisse an sich azoähnliche Syndiazokörper (als sogenannte Pseudodiazoniumverbindungen) durch die
ionisierende Wirkung des Wassers mehr oder minder vollständig
in wässeriger Lösung in die Ionen der (im freien Zustande nicht
erhältlichen) isomeren Diazoniumsalze umgewandelt werden. Dieser Nachweis der konstitutiven Verschiedenheit zwischen dem
dissoziierten Anteil (Diazoniumsalz) und dem undissoziierten Anteil (Syndiazokörper) bedeutet natürlich auch einen zwar indirek-
ten, aber doch genügend scharfen Nachweis der drei isomeren
Formen. So existieren z. B. gewisse Diazocyanide in folgenden
3 Zuständen:

$$
\begin{array}{ccc}
\text{Diazoniumcyanide} & \text{Syndiazocyanide} & \text{Antidiazocyanide} \\
\left(\begin{matrix} Ar \cdot N^{\cdot} + CN' \\ \dot{N} \end{matrix}\right) &
\begin{matrix} Ar \cdot N \\ CN \cdot \dot{N} \end{matrix} &
\begin{matrix} Ar \cdot N \\ \ddot{N} \cdot CN \end{matrix}
\end{array}
$$

Die eigentümliche Natur der normalen Diazokörper ist
damit in befriedigender Weise aufgeklärt:

Normale Diazokörper sind, als strukturidentisch mit den Isodiazokörpern $Ar \cdot N : N \cdot X$, denselben in allen wesentlichen physi-
kalischen und chemischen Eigenschaften ähnlich; sie sind aber als
Synverbindungen $\begin{matrix} Ar \cdot N \\ X \cdot \ddot{N} \end{matrix}$ sehr veränderlich, daher nur in gewissen
Fällen zu isolieren. Sie sind „labile Durchgangsphasen“ und ver-
ändern sich je nach den Bedingungen in dreierlei Sinne:

1. Als Synverbindungen tendieren sie zum intramolekularen
Zerfall nach der Gleichung:

$$
\begin{matrix} Ar \cdot N \\ X \cdot \ddot{N} \end{matrix} =
\begin{matrix} Ar \\ \dot{X} \end{matrix} +
\begin{matrix} N \\ \ddot{N} \end{matrix}
$$

2. Als weniger symmetrische Verbindungen sind sie labiler und
von größerer Reaktionsfähigkeit als die stabileren, mehr symme-

trischen Antikörper, und neigen danach zur Umlagerung in letztere:

$$\begin{array}{ccc} \text{Ar}\cdot\text{N} & & \text{Ar}\cdot\text{N} \\ | & \rightarrow & \\ \text{X}\cdot\text{N} & & \text{N}\cdot\text{X} \end{array}$$

3. Als „Pseudodiazoniumverbindungen" neigen sie in wässeriger Lösung zur Ionisationsisomerie, d. i. zur Herstellung eines Gleichgewichts zwischen der undissoziierten Synverbindung und der ionisierten, isomeren Diazoniumverbindung:

$$\begin{array}{c} \text{Ar}\cdot\text{N} \xrightarrow{+\text{nH}_2\text{O}} \\ \text{X}\cdot\text{N} \xleftarrow{-\text{nH}_2\text{O}} \end{array} \left[\begin{array}{c} \text{Ar}\cdot\text{N}^{\cdot} \\ \text{N} \end{array} + \text{X}' \right].$$

Die Beteiligung anderer Forscher an der Frage nach der Isomerie der Diazokörper ist namentlich anfangs ziemlich rege gewesen. Während einzig H. Goldschmidt[1]) sich auf Grund kryoskopischer Analogien zwischen Diazometallsalzen und Oximsalzen für die Stereoisomerie der -Diazotate aussprach, wurden die betreffenden Stereoformeln anfangs stark angefochten und an ihrer Stelle recht verschiedene Strukturformeln vorgeschlagen. v. Pechmann[2]) und V. Meyer mit P. Jacobson[3]) standen zuerst im wesentlichen auf Bambergers Standpunkt; desgleichen Claus[4]) und Blomstrand[5]); Oddo[6]) trat für die normale Diazoformel Ar · N≡N · X ein; Walther[7]) schlug für das Diazobenzol(hydrat) die Formel $\text{Ar}\cdot\text{N}=\text{N}\!\!<\!\!^{\text{O}}_{\text{H}}$ vor, Brühl[8]) glaubte auf optischem Wege die Formel $\!^{\text{Ar}}_{\text{H}}\!\!>\!\!\text{N}\!\!<\!\!^{\text{O}}_{\text{N}}$ wahrscheinlich gemacht zu haben, und überhaupt für verschiedene diazoähnliche Körper auf Grund der Molekularrefraktion ganz eigenartige Strukturformeln aufstellen zu sollen. Die Unhaltbarkeit derartiger Formeln wird unten nachgewiesen.

Armstrong und Robertson[9]) meinten im Hinblick auf die

---

[1]) Ber. **28**, 2020 (1895).
[2]) Ber. **28**, 176 (1895).
[3]) Lehrbuch d. organ. Chem. II, 303 (1902).
[4]) Journ. pr. Chem. **51**, 80 (1895).
[5]) Journ. pr. Chem. **53**, 169 (1896); **54**, 305 (1896); **55**, 496 (1897).
[6]) Att. Acad. Linc. **5**, II, 314; C. 1897. I, 55.
[7]) Journ. pr. Chem. **51**, 508 u. 585 (1895).
[8]) Zeitschr. phys. Chem. **25**, 606 (1898).
[9]) J. Chem. Soc. **87**, 1280 (1905).

Farbigkeit des von E. Fischer[1]) dargestellten Benzol-azo-äthans (Phenyldiazoäthans) $C_6H_5-N = N-C_2H_5$, daß alle Substanzen, die die Gruppe $C_6H_5-N = N-$ enthielten, farbig sein müßten. Sie lehnten deshalb die Diazoformeln ab und glaubten sie durch Formeln von Dihydroxyderivaten des Hydrazins ersetzen zu müssen, z. B.

$$R \cdot N(OH)-NH(OH) \leftrightarrows R \cdot NH \cdot N(OH)_2$$

bzw. deren Anhydrisierungsprodukten

$$R-N-NH \qquad und \qquad R \cdot NH-NO$$
$$\diagdown\diagup$$
$$O$$

wodurch natürlich auch die Stereoisomerie verneint wurde. Hantzsch[2]) wies auf das Irrtümliche in der Voraussetzung hin, da nach den Untersuchungen Thieles[3]) in der aliphatischen Reihe neben farbigen Diazoverbindungen auch farblose existieren, ferner auch in der aromatischen Reihe farblose Substanzen auftreten, denen unzweifelhaft die Diazostruktur zukommt, z. B. Nitro-diazo-ester $NO_2 \cdot C_6H_4 \cdot N = N \cdot OCH_3$[4]).

Die Blomstrandsche Diazoniumformel ist in der Folgezeit mehrfach durch andere Formeln zu verbessern gesucht worden. Euler[5]), Cain[6]) und Morgan[7]) konstruierten Formelbilder, in denen der Benzolkern durch einen Hydrobenzolkern ersetzt war:

Benzoldiazoniumchlorid nach

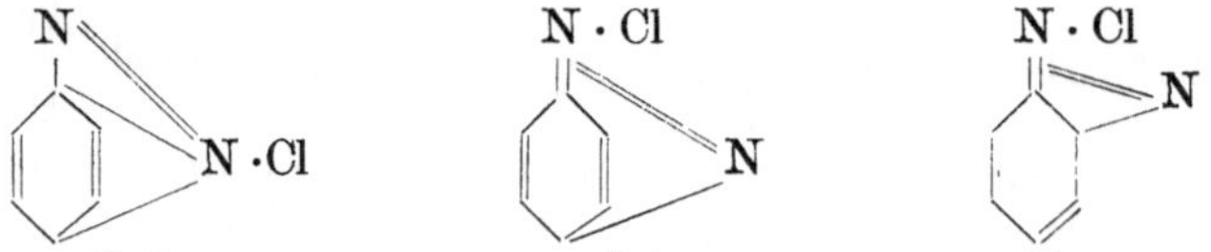

Euler   Cain   Morgan

Hantzsch[8]) wies auf die Unhaltbarkeit dieser Formeln hin, da in den Diazoniumverbindungen der Phenylrest sich durchaus

---

[1]) Ann. **194**, 328 (1878), Ber. **29**, 796 (1896).

[2]) Proceedings **21**, 289 (1895); C. 1906. I, 343.

[3]) Ann. **290**, 1, (1896).

[4]) Pechmann, Ber. **27**, 672 (1894).

[5]) Ber. **41**, 3979 (1908).

[6]) Chem. Zeitg. 1908, 413; Ber. **41**, 4189 (1908); Ber. **42**, 1208 (1909).

[7]) Morgan und Wooton, J. Chem. Soc. **91**, 1311 (1907); Morgan und Micklethwait, Trans. Chem. Soc. 1908, 616; J. Chem. Soc. **97**, 2557 (1910).

[8]) Ber. **41**, 3532 (1908); Ber. **42**, 394, 2137 (1909).

benzolartig verhält und keine Reaktionen irgendwelcher Chinonbindungen zeigt.

Eine Bestätigung und weitere Vertiefung der bisher gewonnenen Anschauungen über die Konstitution der Diazokörper brachte das Studium der Absorptionsspektren. Am ausführlichsten wurden dieselben von Hantzsch und Lifschitz[1]) untersucht. Die Autoren fanden, daß Diazoniumverbindungen und Azoverbindungen (resp. Diazoverbindungen) optisch sehr stark voneinander verschieden sind, daß die Diazoniumsalze unter sich dagegen sehr ähnlich absorbieren, und daß also auch die dem Auge farbig erscheinenden Diazoniumverbindungen dieselbe Konstitution haben müssen wie die farblosen. Denn in letzterem Falle ist der Charakter der Absorption gleich, nur ist bei den farbigen Diazoniumverbindungen die Absorptionskurve partiell ins Sichtbare verschoben.

Bei den stereoisomeren Diazokörpern hatten schon Dobbie und Tinkler[2]) gefunden, daß die Syn- und Anti-diazo-cyanide und -sulfonate in der Tat ganz gleich absorbieren, bei den Diazotaten fanden sie dagegen große Unterschiede. Weiterhin ergab sich, daß die Absorption des Kalium-antidiazotates der des Phenylmethylnitrosamins $C_6H_5 \cdot N(CH_3) \cdot NO$ sehr ähnelte, und so schlossen die Autoren, daß den Antidiazotaten die Nitrosaminformel zukommen müsse. Auch Hantzsch und Lifschitz[3]) fanden eine verschiedene Absorption der Syn- und Anti-diazotate; sie legten jedoch dar, daß daraus nicht geschlossen werden könne, daß die Antisalze keine echten Azotate seien. Denn auch azodicarbonsaures Kalium $KOOC-N = N-COOK$ und Kaliumhyponitrit[4]) $KO-N = N-OK$ zeigen analoge Absorption. Ferner erwies sich die von Dobbie und Tinkler gefundene Identität der Spektren von Kaliumantidiazotat und Phenyl-methyl-nitrosamin als eine allein auf diese beiden Körper beschränkte, zufällige Erscheinung. Denn andere Antidiazotate und Antidiazo-ester sind optisch wesentlich verschieden. Die freien Antidiazohydrate sind dagegen mit ihren Salzen identisch, wodurch die AntidiazotatFormel $Ar \cdot N = N-OMe$, gegenüber der Nitrosaminsalzformel $Ar \cdot N(Me)-NO$ wieder bestätigt wurde.

---

[1]) Ber. **45**, 3011 (1912).
[2]) J. Chem. Soc. **89**, 982 (1906).
[3]) loc. cit.
[4]) Baly u. Desch, J. Chem. Soc. **93**, 1758 (1908).

Die optische Methode gestattete weiterhin die Existenz des bisher hypothetischen Diazonium-hydroxyds $Ar-N(\equiv N)OH$ nachzuweisen. Es zeigte sich nämlich, daß die sehr verdünnten Lösungen gleich molekularer Mengen von Diazoniumchloriden und Natriumhydroxyd genau so absorbieren wie die ursprünglichen Diazoniumsalze.

Cain[1]) erhob allerdings gegen die Interpretation einiger Absorptionskurven Einwände, indem er hervorhob, daß die Kurve des α-Naphthalin-diazoniumchlorids der des Chinondiazids (Diazophenols) sehr ähnlich sei und folgerte daraus eine Bestätigung seiner oben genannten Diazoniumformel. Hantzsch und Lifschitz[2]) machten dagegen geltend, daß es unzulässig sei, Benzol- und Naphthalinderivate in direkter Weise zu vergleichen. Unter Zugrundelegung der Cainschen Diazoniumformel muß das p-Chinondiazid (Diazophenol) $O : C_6H_4 : N_2$ mit Benzoldiazoniumchlorid oder p-Oxydiazoniumchlorid $HO \cdot C_6H_4 \cdot N_2 \cdot Cl$ verglichen werden, und diese Stoffe differieren nun optisch sehr stark, so daß damit die Einwände Cains widerlegt wurden.

Die aliphatischen Diazoverbindungen sind erst viel später bekannt geworden als die aromatischen. Die primären aliphatischen Amine bilden mit salpetriger Säure ziemlich beständige Nitrite, die erst unter Bedingungen Wasser abspalten, unter denen eine Diazoverbindung nicht existieren kann, sondern in Alkohol und Stickstoff zerfällt. Auch aus primären aliphatischen Aminen, deren Stickstoffatom an einem tertiären Kohlenstoffatom sitzt, ließen sich bisher keine Diazoniumverbindungen herstellen[3]). Die erste aliphatische Diazoverbindung gewann E. Fischer[4]), indem er das Kaliumsalz der Diazoäthansulfonsäure darstellte $C_2H_5 \cdot N=N \cdot SO_3K$. Im Jahre 1883 entdeckte Curtius[5]) den Diazo-essigester $N_2 : CH \cdot COOC_2H_5$, 1894 wurde von Pechmann[6]) das Diazomethan $CH_2 : N_2$ dargestellt. Beiden Verbindungen wurde die ringförmige Struktur erteilt:

$$C_2H_5 \cdot COO \cdot CH{\Big\langle}{\overset{N}{\underset{N}{\|}}} \qquad CH_2{\Big\langle}{\overset{N}{\underset{N}{\|}}} \, .$$

[1]) Ber. **46**, 101 (1913).
[2]) Ber. **46**, 414 (1913).
[3]) Ber. **45**, 3015 (1912).
[4]) Ann. **199**, 302 (1879).
[5]) Ber. **16**, 2230 (1883).
[6]) Ber. **27**, 1888 (1894).

Es war anzunehmen, daß diese Verbindungen ihre Entstehung aus primär auftretenden Diazotaten durch Wasserabspaltung verdankten. Hantzsch und Lehmann[1]) gelang es tatsächlich, solche Diazotate in Form ihrer Kaliumsalze zu isolieren, z. B. $CH_3 \cdot N = N \cdot OK$. Die große Labilität dieser Salze machte es wahrscheinlich, daß sie als Syn-diazotate (I) aufzufassen seien. Thiele[2]) hat später auf anderem Wege die Natriumsalze dieser Diazoverbindungen hergestellt, die sich aber sehr viel stabiler erwiesen und daher wahrscheinlich als Isodiazotate (II) anzusprechen sind:

$$\text{I.} \quad \begin{matrix} CH_5-N \\ \| \\ KO-N \end{matrix} \qquad \text{II.} \quad \begin{matrix} CH_5-N \\ \| \\ N-ONa \end{matrix} \ .$$

Die Reihe der aliphatischen Diazoverbindungen ist inzwischen durch die Arbeiten von Curtius, Angeli, Thiele, Wolff, Staudinger u. a. um zahlreiche Repräsentanten vermehrt worden. An Stelle der lange Zeit bewährten Ringformel ist in neuerer Zeit von Angeli[3]) und von Thiele[4]) eine offene Formel mit 5wertigem Stickstoff vorgeschlagen worden $CH_2 = N = N$, wodurch sich eine gewisse Analogie mit den aromatischen Diazoniumformeln bot. Nach der neuen Formel lassen sich zweifellos eine Reihe von Reaktionen leichter formulieren, z. B. der leichte Übergang der Ketonhydrazone durch Oxydation in Diazomethanverbindungen:

$$\begin{matrix} R \\ R \end{matrix}\!\!>\!\!C = N \cdot NH_2 \rightarrow \begin{matrix} R \\ R \end{matrix}\!\!>\!\!C = N = N \ .$$

Es sind in der Folgezeit zahlreiche Versuche angestellt worden, um zwischen der ringförmigen und offenen Diazoformel zu entscheiden, so von Forster und Cardwell, Zerner, Staudinger (s. S. 107 f). Bisher ist die Frage nicht sicher entschieden, doch hat besonders nach den Arbeiten Staudingers wieder die alte Ringformel die größere Wahrscheinlichkeit für sich. Auch die obenerwähnten optischen Untersuchungen von Hantzsch und Lifschitz sprechen sehr zugunsten der cyclischen Formel.

---

[1]) Ber. **35**, 900 (1902).
[2]) Ann. **376**, 252 (1910).
[3]) Gazz. **24**, II, 46 (1894).
[4]) Ber. **44**, 2522, 3336 (1911).

A. Diazokörper der Benzolreihe.

I. Diazoniumsalze $\overset{\text{Ar}\cdot\text{N}\cdot\text{X}}{\underset{\ddot{\text{N}}}{}}$.

Bildungsweisen. Durch Auffindung der „Diazotierung‟, d. i. der Umwandlung von Derivaten des Aminobenzols in solche des Diazobenzols vermittels salpetriger Säure sind die Diazokörper von P. Griess entdeckt worden; daß diese allgemeinste Bildungsweise gemäß der schon von Blomstrand vorgeschlagenen Formulierung

$$\overset{\text{Ar}}{\underset{\text{H}_3}{}}\!\!\!\text{N}\cdot\text{X} + \text{NO}_2\text{H} = \overset{\text{Ar}}{\underset{\text{N}}{}}\!\!\!\text{N}\cdot\text{X} + 2\,\text{H}_2\text{O}$$

verläuft, ist durch physikochemisches Studium des Diazotierungsverlaufes nachgewiesen worden[1]). Danach ergibt sich durch Bestimmung der Reaktionsgeschwindigkeit, daß die Diazotierung ein Prozeß zweiter Ordnung ist und in wässeriger Lösung auf der Umwandlung von Aniliniumionen durch undissoziierte salpetrige Säure in Diazoniumionen beruht:

$$\overset{\text{Ar}}{\underset{\text{H}_3}{}}\!\!\!\text{N}^{\cdot} + \text{NO}_2\text{H} \quad \rightarrow \quad \overset{\text{Ar}}{\underset{\text{N}}{}}\!\!\!\text{N}^{\cdot} + 2\,\text{H}_2\text{O}\,.$$

Die Diazotierung verläuft bei Beseitigung der hydrolytischen Spaltung der Anilinsalze, also bei Abwesenheit freier Anilinbasen, stets total im Sinne der obigen Gleichung und mit großer Geschwindigkeit. Tassily[2]) hat die Diazotierungsgeschwindigkeit verschiedener aromatischer Basen untersucht und gefunden, daß die Homologen des Anilins ·mit ziemlich gleicher Geschwindigkeit diazotiert werden, daß aber die Diazotierungsgeschwindigkeit wächst, wenn negative Substituenten im Kern vorhanden sind. Daher verläuft die Diazotierung bei den Nitranilinen sehr viel rascher, ebenso bei der Naphthionsäure. Am schnellsten verläuft die Reaktion bei der Sulfanilsäure, wo die Diazotierung fast augenblicklich eintritt. Die aus der Bildung von Isodiazohydraten aus freien Anilinbasen abgeleitete Vermutung[3]), daß sich auch beim gewöhnlichen Diazotierungsprozeß zuerst Isodiazohydrate bilden

---

[1]) Hantzsch u. Schümann, Ber. **32**, 1691 (1900); **33**, 527 (1901).
[2]) Compt. r. **157**, 1148; **158**, 335, 489 (1914).
[3]) Bamberger, Ber. **27**, 1948 (1894).

und letztere erst sekundär durch die Säure in Diazoniumsalze umgewandelt werden könnten, ist demnach nicht haltbar.

Die Diazotierung ist zuerst mit gasförmiger, salpetriger Säure, später[1]) mit wässerigen Nitritlösungen ausgeführt worden. Störungen des Diazotierungsprozesses werden durch Temperatursteigerung (Zerfall der Diazoniumsalze), ferner durch die Hydrolyse der Aniliniumsalze (Bildung von sogenannten Diazoaminokörpern) hervorgerufen, weshalb man in der Praxis stets unter Kühlung und bei erheblichem Säureüberschuß diazotiert. Für die Diazotierung sehr schwacher Amine hat O. N. Witt[2]) einen sehr brauchbaren Weg angegeben dadurch, daß man die Basen in starker Salpetersäure (1,48 und darüber) löst und die erforderliche Menge salpetriger Säure durch Reduktion der Salpetersäure mit gasförmiger schwefliger Säure oder mit „Kalium-metabisulfit" (Kalium-pyrosulfit) $K_2S_2O_5$

$$K_2S_2O_5 + 2\,HNO_3 = K_2S_2O_7 + 2\,HNO_2$$

herstellt.

Wegen der Leichtlöslichkeit der meisten Diazoniumsalze in Wasser und ihrer Zersetzlichkeit stellt man die festen Salze, namentlich die Chloride, durch Diazotierung in alkoholischer Lösung, eventuell mit Amylnitrit und Fällen mit Äther[3]) oder durch Einwirkung von Nitrosylchlorid[4]) NOCl, meist noch zweckmäßiger aber durch Diazotierung in Eisessiglösung[5]) dar.

Diazoniumsalze bilden sich ferner aus ihren Reduktionsprodukten, den Hydrazinsalzen, durch Oxydation, am besten mit Quecksilberoxyd[6]):

$$C_6H_5 \cdot NH \cdot NH_3 \cdot Cl + 2\,HgO = C_6H_5 \cdot N_2 \cdot Cl + 2\,Hg + 2\,H_2O\ ;$$

auch Salpetersäure und Chinone können als Oxydationsmittel verwendet werden[7]); ferner entsteht Diazoniumnitrat aus Nitrosobenzol[8]) und aus Nitrosophenylhydroxylamin[9]) durch Einwirkung nitroser Gase.

---

[1]) V. Meyer u. Ambühl, Ber. 8, 1073 (1875).

[2]) Ber. 42, 2953 (1909).

[3]) Knóvenagel, Ber. 28, 2048 (1895).

[4]) Struszynski u. Swientoslawski C. 1911, II, 1919.

[5]) Hantzsch u. Jochem, Ber. 34, 3337 (1901).

[6]) Emil Fischer, Ann. 199, 320 (1879).

[7]) Charrier, Gazz. 45, I, 516 (1915).

[8]) Bamberger, Ber. 30, 512 (1897).

[9]) Rügheimer, Ber. 33, 1718 (1900).

Eigenschaften. Die Diazoniumsalze sind in jeder Weise echte Salze, die den Ammonium- und speziell den quaternären Ammoniumsalzen ähneln. Sie sind meist in Wasser leicht löslich, am leichtesten die Chloride, etwas weniger die Nitrate, noch weniger die Sulfate; schwer löslich ist das Perchlorat[1]) und zeigt damit charakteristische Ähnlichkeit mit dem Kalium- und Ammoniumperchlorat. In Alkohol sind sie meist schwer, in Chloroform bisweilen etwas, in Phenol[2]), Essigsäure und Ameisensäure häufig leicht löslich, werden aber von den übrigen organischen Lösungsmitteln einschließlich des Äthers nicht aufgenommen.

Diazoniumnitrate und Chloride reagieren, wie zuerst Bamberger[3]) fand, neutral; nur Oxydiazoniumsalze (Diazophenolsalze) reagieren stark sauer. Alle bisher dargestellten Sulfate sind saure Salze. Auch Diazoniumfluoride[4]) und Diazoniumazide[5]) sind dargestellt worden. Die Zugehörigkeit der Diazoniumsalze zu den Ammoniumsalzen[6]) zeigt sich in der Abwesenheit völlig unlöslicher Salze, in der Existenz alkalisch reagierender (nur in Lösung beständiger) Diazoniumcarbonate und komplexer Salze vom Verhalten der entsprechenden Alkalisalze; namentlich von Chloroplatinaten, Perchloraten, Aurochloraten, Quecksilberdoppelsalzen, und was besonders wichtig ist, von Diazoniumsilbercyaniden[7]):

$$(ArN_2)_2PtCl_6, \quad (ArN_2)AuCl_3, \quad (ArN_2)HgCl_3, \quad (ArN_2) \cdot Ag(CN)_2 .$$

Diazoniumtrihaloide $\dfrac{Ar \cdot N \cdot X_3}{N}$; von denselben waren früher nur Perbromide ArN_2Br_3 bekannt, die wegen ihres glatten Übergangs in sogenannte Diazoimide $\begin{smallmatrix} Ar \cdot N—N \\ \diagdown\diagup \\ N \end{smallmatrix}$ als Tribromhydrazine $Ar \cdot NBr \cdot NBr_2$ aufgefaßt[8]) wurden. Tatsächlich sind diese Perbromide, gleich den inzwischen in großer Zahl dargestellten

---

[1]) Vorländer, Ber. **39**, 2713 (1906); K. A. Hofmann u. Arnoldi, Ber. **39**, 3146 (1906).

[2]) Hirsch, Ber. **23**, 3707 (1890).

[3]) Ber. **32**, 3633 (1899).

[4]) Hantzsch u. Vock, Ber. **36**, 2059 (1903).

[5]) Hantzsch, Ber. **36**, 2056 (1903).

[6]) Hantzsch, Ber. **28**, 1734 (1895).

[7]) Hantzsch u. Danziger, Ber. **30**, 2520 (1897).

[8]) Bamberger, Ber. **27**, 1273 (1894); Chattaway, Journ. Chem. Soc. **107**, 105 (1915).

anderen Trihaloiden[1]), Diazoniumtrihaloide, da sie völlig dem Kaliumtrijodid, den Caesiumtrihaloiden und namentlich den Trihaloiden der quaternären Ammoniumreihe z. B. $C_6H_5 \cdot N(CH_3)_3Br_3$ analog[2]) sind. Von den zehn möglichen Reihen sind alle mit Ausnahme der Trichloride bekannt.

$$[ArN_2 \cdot Cl_3] \qquad ArN_2 \cdot Br_3 \qquad ArN_2 \cdot J_3$$
$$ArN_2 \cdot Cl_2Br \qquad ArN_2 \cdot Br_2Cl \qquad ArN_2 \cdot J_2Cl$$
$$ArN_2 \cdot Cl_2J \qquad ArN_2 \cdot Br_2J \qquad ArN_2 \cdot J_2Br$$
$$ArN_2 \cdot ClBrJ \,.$$

Isomerie, etwa von $(ArN_2 \cdot Cl + Br_2)$ mit $(ArN_2 \cdot Br + BrCl)$, wurde nicht gefunden.

Innere Diazoniumsalze von betaïnähnlichem Charakter sind die freien sogenannten Diazobenzolsulfonsäuren und -carbonsäuren, von welch letzteren die diazotierte Anthranilsäure die bekannteste ist. Sie sind gleich dem Betaïn wasserlösliche, sehr schlecht leitende, neutral reagierende Substanzen.

$$CH_2{<}^{CO}_{N\,\equiv\,(CH_3)_3}{>}O \qquad C_6H_4{<}^{CO}_{N\,\equiv\,N}{>}O \qquad C_6H_4{<}^{SO_2}_{N\,=\,N}{>}O$$
Betaïn   Diazobenzoesäure   Diazobenzolsulfonsäure

Die vor dem übliche Formel für die Diazosulfonsäuren $C_6H_4{<}^{SO_2}_{N\,=\,N}{>}O$ mußte natürlich gleichzeitig mit der Kekuléschen Formel der Diazosalze, z. B. $C_6H_5 \cdot N : N \cdot OSO_2OH$ durch die Diazoniumformel ersetzt werden. Die Diazoformel war auch schon deshalb nach H. Goldschmidt[3]) unwahrscheinlich, weil derartige Anhydride nicht nur in der Ortho- (und Parareihe), sondern auch in der Metareihe bestehen, und weil eine derartige Anhydridbildung nur bei betaïnartigen „inneren Salzen" unabhängig von der Stellung der Substituenten ist, während sich indifferente organische Ringe bekanntlich fast immer in Orthostellung bilden.

Besondere Eigentümlichkeiten der Diazoniumsalze (im Unterschiede von den Ammoniumsalzen) beruhen zum Teil darauf, daß der in ihnen enthaltene Ammoniakstickstoff unter Umständen noch salzbildend fungiert. So existieren, analog den

---

[1]) Hantzsch, Ber. **28**, 2754 (1895).

[2]) Vgl. Bülow u. Schmachtenberg, Ber. **41**, 2607 (1908); Hantzsch, Ber. **48**, 1344 (1915); vgl. Forster, Journ. Chem. Soc. **107**, 260 (1915).

[3]) Ber. **28**, 2023 (1895).

Hydrazinsalzen mit zwei Mol. Säure, saure Diazoniumhaloide[1])
namentlich wenn der Benzolkern bereits halogenisiert ist; z. B.
$Br_3C_6H_2 \cdot N_2 \cdot Cl$, $HCl + 4\,H_2O$. Diese Salze könnte man folgendermaßen formulieren:

$$\begin{array}{c} Ar \\ \diagdown \\ Cl \diagup \end{array} N \equiv N \begin{array}{c} \diagup Cl \\ \diagdown \\ H \end{array}.$$

Doch verliert das zweite Stickstoffatom schon durch Wasser
seine säurebindende Kraft; denn in wässerigen Lösungen sind
derartige Salze total in einfache, normale Haloidsalze und freie
Salzsäure gespalten. Ferner bilden solche Diazoniumhaloide, die
sich leicht in Eisessig und Phenolen lösen, bisweilen auch feste
Additionsprodukte[2]) von der Form

$$Ar \cdot N_2(Cl,\ Br) + C_2H_4O_2 \ (weiß) \qquad Ar \cdot N_2(Cl,\ Br) + 2\,C_6H_5OH \ (gelb).$$

Sehr eigentümlich ist die bei halogenisierten Diazoniumhaloiden
auftretende Atomwanderung zwischen gewissen Halogenatomen des Benzolkerns und Halogenatomen des Diazo-
niumstickstoffs. Die in Para- und Ortho- (nicht aber in Meta-)
Stellung befindlichen Bromatome des Benzolkerns werden bei bro-
mierten Diazoniumchloriden gegen das ionisierbare Chloratom ausgetauscht, so daß chlorierte Diazoniumbromide entstehen; bei Anwesenheit überschüssiger Salzsäure (Chlorionen) werden schließlich
alle Ortho- und Para-Bromatome des Benzolkerns durch Chlor
ersetzt[3]):

$$Br_3 \cdot C_6H_2 \cdot N_2Cl \ \rightarrow \ Br_2Cl \cdot C_6H_2 \cdot N_2Br\,;$$
$$Br_2Cl \cdot C_6H_2 \cdot N_2Br + HCl \ \rightarrow \ BrCl_2 \cdot C_6H_2 \cdot N_2Br + HBr\,;$$
$$BrCl_2 \cdot C_6H_2 \cdot N_2Br + HCl \ \rightarrow \ Cl_3 \cdot C_6H_2 \cdot N_2Br + HBr\,.$$

Ganz analog werden chlorierte und bromierte Diazonium-
rhodanide in Rhodandiazoniumchloride bzw. -bromide umgelagert[4]); z. B.

$$BrC_6H_4 \cdot N_2 \cdot SCN \ \rightarrow \ SCN \cdot C_6H_4 \cdot N_2 \cdot Br\,.$$

Diese Umlagerung erfolgt rasch im festen Zustande und in
alkoholischer Lösung, sehr langsam in wässeriger Lösung; sie voll-

---

[1]) Ber. **30**, 1154 (1897); **31**, 2055 (1898).
[2]) Ber. **31**, 2053 (1898).
[3]) Hantzsch, Ber. **30**, 2334 (1897).
[4]) Hantzsch u. B. Hirsch, Ber. **29**, 947 (1896); Hirsch, Ber. **31**, 1253 (1898).

zieht sich nicht bei den dissoziierten, sondern bei den undissoziierten Molekülen. Dagegen wird das im Benzolkern vorhandene Jod nicht gegen Chlor oder Rhodan ausgetauscht; denn Joddiazoniumrhodanide und selbst Trijoddiazoniumchlorid lassen sich nicht umlagern. Ebensowenig vermag das Fluor der Diazoniumfluoride in den Kern einzuwandern, da auch Tribromdiazoniumfluorid kein Fluordiazoniumbromid erzeugt[1]).

Eine andere Atomwanderung bei Diazoniumsalzen ist bereits von Griess beobachtet und von Schraube und Fritsch[2]) näher verfolgt worden: gewisse Diazoniumsalze reagieren mit gewissen Anilinsalzen unter partiellem Austausch zwischen Diazonium und Amid, z. B.:

$$NO_2 \cdot C_6H_4 \cdot N_2Cl + NH_2 \cdot C_7H_7 \rightarrow NO_2 \cdot C_6H_4 \cdot NH_2 + C_7H_7 \cdot N_2 \cdot Cl.$$

Durch eine ähnliche partielle Umlagerung von Diazoniumchlorid mit p-Chlor- bzw. Bromanilin zu p-Chlor- bzw. Bromdiazoniumchlorid und Anilin ist es auch zu erklären, daß z. B. aus $C_6H_5N_2Cl + Br \cdot C_6H_4 \cdot NH_2$ nicht nur Monobromdiazoaminobenzol, sondern auch Dibromdiazoaminobenzol (aus dem gebildeten $BrC_6H_4N_2 \cdot Cl + BrC_6H_4NH_2$) entsteht[3]). Eine befriedigende Erklärung dieser Art von Umlagerungen steht noch aus.

Diazoniumhydrate $Ar \cdot N_2 \cdot OH$ sind nur in wässeriger Lösung durch Umsetzung der Diazoniumchloride mit Silberoxyd oder der Sulfate mit Baryt erhältlich. Sehr zersetzlich; beim Eindunsten selbst bei 0° zum geringeren Teil in Phenole, zum größeren Teil in Harze übergehend[4]); der optische Nachweis[5]) der Diazoniumhydrate ist schon oben erwähnt (S. 18). Durch Leitfähigkeit und durch Verseifungsgeschwindigkeit (Katalyse von Methylacetat) als echte Hydroxylbasen erkannt[6]), deren Stärke im allgemeinen durch Einführung von Methyl (und auch Methoxyl) in den Benzolrest gesteigert, durch Einführung von Halogenen und Nitrogruppen gemindert wird[7]). Es ergaben sich z. B. folgende Affinitätskonstanten bei 0°:

---

[1]) Ber. **36**, 2069 (1903).
[2]) Ber. **29**, 287 (1896).
[3]) Ber. **30**, 1412 (1897).
[4]) Hantzsch, Ber. **31**, 340 (1898).
[5]) Hantzsch u. Lifschitz, Ber. **45**, 3011 (1912).
[6]) Hantzsch u. Davidson, Ber. **31**, 1612 (1898).
[7]) Hantzsch u. A. Engler, Ber. **33**, 2147 (1900).

Pseudocumoldiazoniumhydrat	$(CH_3)_3 \cdot C_6H_2 \cdot N_2OH$	K unbestimmbar groß, wie bei den Alkalien
Anisoldiazoniumhydrat	$CH_3O \cdot C_6H_4 \cdot N_2OH$	
Gewöhnliches Diazoniumhydrat	$C_6H_5 \cdot N_2OH$	$K = 0{,}123$
Parabrom- „	$BrC_6H_4 \cdot N_2OH$	$K = 0{,}0149$
2,4-Dibrom- „	$Br_2C_6H_3 \cdot N_2OH$	$K = 0{,}0136$

Diazoniumhydrate sind also ausgesprochene Basen, deren Stärke von der des Ammoniaks bis zu der der Alkalien wächst.

Mit dem Nachweis, daß die Hydrate ArN_2OH in wässeriger Lösung weitgehend in die Ionen ArN_2' und OH' dissoziiert sind, erledigen sich auch die von Walther und Brühl (s. S. 15) dem Diazobenzol zuerteilten Formeln $Ar \cdot N = N{<}^{H}_{O}$ und $Ar \cdot NH{<}^{N}_{O}$, da dieselben (ganz abgesehen von ihrer sonstigen Unwahrscheinlichkeit) nicht einmal die Hydroxylgruppe enthalten.

Diazoniumionen. Die Diazoniumsalze zeigen dieselbe große Tendenz zur Ionenbildung wie die Ammonium- und die Alkalisalze; auch Alkohol wirkt in demselben (geringeren) Grade dissoziierend auf Diazoniumsalze wie auf Alkalisalze. Das „Diazonium" ist ein zusammengesetztes Alkalimetall, dessen Ionenreaktionen denen der übrigen Ammoniumionen ähnlich sind, also speziell denen der Kaliumionen näherstehen als denen der Natriumionen. Alle einfacheren Diazoniumionen sind farblos; nur die des Di- und Trijodbenzoldiazoniums und komplizierter gebaute, wie die des Anilidodiazoniums und des Fluorendiazoniums, sind gelb. Ganz besonders ist darauf aufmerksam zu machen, daß das Phenyldiazonium alle Eigenschaften der sogenannten quaternären Ammoniumionen (richtiger der Ammoniumionen ohne Ammoniumwasserstoffatome) besitzt, und daß es deshalb nicht dem schwach positiven Phenylammonium (Anilinium), sondern dem sehr stark positiven Phenyltrimethylammonium gleicht[1]).

$$\begin{array}{ccc} {C_6H_5 \choose N}{>}N-\text{ analog} & {C_6H_5 \choose (CH_3)_3}{>}N-,\ \text{nicht analog} & {C_6H_5 \choose H_3}{>}N-\,. \end{array}$$

Dies zeigt sich schon rein chemisch durch das Verhalten gegen Halogene, besonders gegen Brom, das nicht im Benzolkern substituiert, sondern lediglich addiert wird unter Bildung von Per-

---

[1]) Hantzsch, Ber. **48**, 1344 (1915).

bromiden. Bewiesen wird diese Auffassung, d. i. die Existenz des unveränderten (also nicht hydratisierten) Diazoniums $ArN_2^{\cdot}$ auch in der wässerigen Lösung durch eine sehr große Wanderungsgeschwindigkeit[1]), die gemäß Bredigs[2]) Untersuchungen ausschließlich für sogenannte quaternäre Ammoniumionen charakteristisch ist.

In diesen Tatsachen, namentlich in den letzterwähnten, ist in Verbindung mit Goldschmidts[3]) Nachweis von der Salznatur der Diazoniumverbindungen und Bambergers[4]) Nachweis von der neutralen Reaktion der wässerigen Lösungen der exakte Nachweis dafür enthalten, daß das Diazonium ein echtes (nicht abnormes) quaternäres Ammonium ist und auch als ein solches Ion

$$Ar-N\overset{\cdot}{\underset{N}{\parallel\parallel}}$$

in wässeriger Lösung besteht[5]), d. h. hiermit ist der Beweis für die Blomstrandschen Formeln erbracht[6]).

II. Diazoverbindungen Ar · N : N · R.

Daß alle Diazokörper, die nicht Diazoniumsalze sind, echte organische Verbindungen darstellen und wegen ihrer direkten Beziehungen zu den echten Azokörpern einerseits und den Hydrazinen andererseits die obige, azoähnliche Struktur besitzen, ist seit Kekulé und E. Fischer so allgemein anerkannt und auch für die nur in einer einzigen Form auftretenden Verbindungen so wenig in Frage gestellt worden, daß der Beweis hierfür an dieser Stelle nicht gegeben zu werden braucht. Um so lebhafter ist aber die obige Formel seit der Entdeckung der Diazoisomerie für die eine der beiden isomeren Reihen bestritten und durch Aufstellung fast aller überhaupt konstruierbaren Strukturformeln der sterischen Auffassung bis zum äußersten ausgewichen worden (s. Historisches und S. 33).

---

[1]) Hantzsch u. Davidson, Ber. **31**, 1613 (1898).
[2]) Zeitschr. phys. Chem. **13**, 289 (1894).
[3]) Ber. **23**, 3220 (1890).
[4]) Ber. **32**, 3633 (1899).
[5]) Die Tatsache, daß sich aus lauter „negativen" Gruppen ($C_6H_5 + 2\,N$) ein stark positives Radikal (Ion) herstellen läßt, ist zwar sehr eigentümlich, aber doch nicht ohne Analogie. Denn auch Diphenyljodonium ($2\,C_6H_5 + J$) gibt bekanntlich ein „zusammengesetztes Metall".
[6]) Über Werners Betrachtungen zur Diazonium-Formel vgl. Ann. **322**, 290 (1902).

a) Isomere Diazoverbindungen $Ar \cdot N : N \cdot (OMe, SO_3Me, CN)$.

Isomerie ist nur bei 3 Gruppen mit Sicherheit nachgewiesen worden, nämlich bei den Diazotaten (Metallsalzen des Diazobenzols) $Ar \cdot N_2 \cdot OMe$, den Diazosulfonaten $Ar \cdot N_2 \cdot SO_3Me$ und den Diazocyaniden $Ar \cdot N_2 \cdot CN$. Die vermeintliche Isomerie bei Diazoaminokörpern[1]) und bei Diazothiosulfonaten[2]) beruht auf einem Irrtum. Auch andere Isomerieerscheinungen auf dem Gebiet der Azokörper[3]) sind auf Strukturisomerie zurückgeführt worden[4]). Die 3 obenerwähnten Gruppen sind also für die Theorie der Diazokörper von grundlegender Bedeutung. Dieselben entstehen sämtlich aus Diazoniumsalzen nach der empirisch einfach zu formulierenden Gleichung durch Einwirkung von Kali, Kaliumsulfit oder Kaliumcyanid:

$$Ar \cdot N_2X + K(OK, SO_3K, CN) = XK + Ar \cdot N_2 \cdot (OK, SO_3K, CN).$$

Die primär entstehenden Isomeren wurden empirisch, ohne Rücksicht auf die Natur der Isomerie, als normale Diazoverbindungen, die sekundär (durch Umlagerung der normalen) gebildeten Isomeren als Isodiazoverbindungen bezeichnet.

Von der für alle Diazokörper ohne Isomerie anerkannten Formel $Ar \cdot N : N \cdot R$ ausgehend, soll nun gezeigt werden:

1. daß normale und Isodiazoverbindungen einander statisch in allen wesentlichen Punkten so ähnlich sind, wie dies durch eine und dieselbe strukturidentische Formel $Ar \cdot N : N \cdot R$ ausgedrückt wird, und daß zudem jede andere Formel derart ausgeschlossen werden kann, daß wieder nur die allgemein angenommene Diazoformel übrigbleibt;

2. daß normale und Isodiazokörper sich dynamisch in ähnlicher Weise unterscheiden, wie dies für stereoisomere Verbindungen (namentlich Oxime) bereits bekannt ist, und daß dieser Unterschied nur durch die Auffassung der normalen Körper als Syndiazoverbindungen $\begin{matrix} Ar \cdot N \\ \cdot\cdot \\ R \cdot N \end{matrix}$ und der Isokörper als Antidiazoverbindungen $\begin{matrix} Ar \cdot N \\ \cdot\cdot \\ N \cdot R \end{matrix}$ befriedigend ausgedrückt werden kann.

---

[1]) Hantzsch, Ber. 27, 1857 (1894); berichtigt durch Bamberger, Ber. 27, 2569 (1894).

[2]) Tröger u. Ewers, Journ. pr. Chem. 62, 369 (1900); berichtigt durch Hantzsch u. Dybowski, Ber. 35, 268 (1902).

[3]) Bamberger, Ber. 28, 837 (1895).

[4]) Hantzsch, Ber. 28, 1124 (1895).

1. Gemeinsame Eigenschaften der isomeren Diazoverbindungen.

Normale und Isodiazotate Ar · N_2 · OMe sind farblose Salze, die beide in wässeriger Lösung die isomeren Anionen ArN_2O bilden, daneben aber noch hydrolysiert sind (die Normaldiazotate stärker, die Isodiazotate schwächer). Beide depolarisieren eine Wasserstoffelektrode[1]) nicht. Die beiden Salzreihen zeigen überhaupt einen weitgehenden Parallelismus mit den stereoisomeren Reihen der Syn- und Antialdoximsalze: R · N : N · OMe ist analog R · (CH) : N · OMe. Normale und Isodiazosulfonate ArN_2SO_3Me sind farbige Salze, die beide in wässeriger Lösung in zwei Ionen zerfallen, und deren isomere Anionen ArN_2SO_3 farbig (gelb bis rotgelb) sind. Normale und Isodiazocyanide ArN_2CN sind farbige, an · sich indifferente und in allen indifferenten Lösungsmitteln unzersetzt lösliche, niedrig schmelzende, echte organische Verbindungen. Ferner verlaufen alle chemischen Veränderungen des Diazokomplexes (solange derselbe nicht eliminiert wird) bei normalen Diazokörpern gleichartig wie bei Isodiazokörpern: Normale Diazotate werden wie Isodiazotate glatt zu Hydrazinen reduziert, durch Benzoylchlorid in benzoylierte Säureanilide und durch Oxydationsmittel in nitraminsaure Salze Ar · N_2O · OMe verwandelt. Ähnliches gilt von den isomeren Diazosulfonaten. Ferner werden normale Diazocyanide nicht nur unter denselben Bedingungen wie Isodiazocyanide durch Aufspaltung der Cyangruppe in Diazoamide, Diazoiminoäther usw. verwandelt, sondern sie addieren sich auch direkt, ohne sich vorher zu isomerisieren, genau wie die Isodiazocyanide und wie Azobenzol mit Benzolsulfinsäure zu farblosen Additionsprodukten vom Typus des Hydrazobenzols[2]).

$$Ar \cdot N = N \cdot Ar + C_6H_5 \cdot SO_2H = \frac{Ar}{H}{>}N - N{<}\frac{Ar}{SO_2C_6H_5}$$

$$Ar \cdot N = N \cdot CN + C_6H_5 \cdot SO_2H = \frac{Ar}{H}{>}N - N{<}\frac{CN}{SO_2C_6H_5}$$

Die normalen Diazocyanide verhalten sich also wie echte Azokörper auch unter solchen Bedingungen, unter denen Umlagerung nachweislich ausgeschlossen ist.

---

[1]) P. de Bottens, Zeitschr. f. Elektrochem. 8, 332 (1902).

[2]) Hantzsch u. Glogauer, Ber. 30, 2548 (1897).

Aus dieser Gleichartigkeit des Verhaltens aller 3 Gruppen von Isomeren folgt zunächst, daß die Ursache der Isomerie nur in einer gleichartigen Veränderung des allen 3 Gruppen gemeinsamen Diazokomplexes ArN_2 und nicht in der Natur der mit dem Diazokomplex verbundenen Radikale R(OK, SO_3K, CN) zu suchen ist; daß also solche Strukturformeln hinwegfallen, die sich nur für eine einzige Gruppe (z. B. die Diazotate), nicht aber auch für die beiden übrigen Gruppen konstruieren lassen.

Für Verbindungen ArN_2R kann es aber nur 3 verschiedene Strukturformeln geben:

$$(1)\ Ar \cdot N : N \cdot R, \qquad (2)\ Ar \cdot \underset{\overset{\cdots}{N}}{N} \cdot R, \qquad (3)\ Ar \cdot N \vdots N \cdot R.$$

Die erste Formel ist, wie jetzt allgemein zugegeben wird, die der Isodiazokörper. Da nun nach dem vorhergehenden verschiedene Normaldiazokörper (z. B. die Cyanide) ihrem Verhalten nach ebenfalls nur diese Azoformel besitzen können, so folgt schon hieraus dieselbe Formel $Ar \cdot N : N \cdot R$ für alle Normalkörper und damit die Strukturidentität aller isomeren Diazokörper.

2. Widerlegung der Diazoniumformel
$$\underset{N}{\overset{Ar}{\diagdown}} N-(OMe,\ SO_3Me,\ CN).$$

Zur Beurteilung der anfangs ziemlich verbreiteten Ansicht, daß die normalen Diazokörper Diazoniumverbindungen seien, ist von der Tatsache auszugehen, daß das Diazonium ein echtes, stark positives Ammonium (also ein zusammengesetztes Alkalimetall) ist, so daß alle seine Verbindungen den Ammonium- und Alkaliverbindungen gleichen sollten; zweitens ist zu berücksichtigen und nachzuweisen, daß Verbindungen vom Verhalten der normalen Diazokörper sich bei einem Ammonium oder Alkalimetall finden.

α) Die normalen Diazotate können nicht die Formel von Diazoniumsalzen $\underset{\overset{\cdot\cdot}{N}}{Ar \cdot N \cdot OMe}$ besitzen. Diazoniumhydrate sind starke Basen, manche derselben so stark wie die Alkalien. Derartige starke Basen $R \cdot OH$ verhalten sich aber niemals gegenüber anderen Basen als Säuren; sie bilden speziell

niemals in wässeriger Lösung Salze von der Form R · OMe, in
denen das ursprüngliche, sehr stark positive Kation R durch einfachen Zutritt von Sauerstoff zum Anion RO geworden wäre.
Derartige Verbindungen müßten sich, wenn sie existierten (z. B.
NaOAg, $(CH_3)_4N · OK$), überhaupt nicht wie Salze, sondern wie
Basenanhydride, also wie KOK verhalten; sie würden bei Anwesenheit von Wasser weder entstehen noch bestehen können.
Nun sind aber die normalen Diazotate ArNNOMe echte Salze, die
sich von einem zwar schwach, aber doch deutlich sauren Hydrate
ArNNOH ableiten, das als Säure den Oximen Ar · CH : N · OH
ähnelt; sie bilden sich ferner unter starker Wärmeentwicklung in
wässerigen Lösungen und bestehen auch als solche (allerdings
meist mit erheblicher Hydrolyse wie die Oximsalze) in wässeriger
Lösung[1]). Dies gilt selbst für Diazohydrate, die, wie Anisol-
diazoniumhydrat, so stark wie Natron sind; auch diese werden
durch Kali in Diazotate, z. B. $CH_3O · C_6H_4 · N_2 · OK$, verwandelt,
während doch eine Base wie Natron nicht als Säure gegenüber Kali
reagiert. — Auch der Vergleich des Diazoniums mit einem Metall,
dessen Hydrat gleichzeitig als Säure und als Base fungieren kann[2]),
ist nicht zutreffend. Denn die Diazoniumhydrate verhalten sich
ganz anders wie Tonerde, Zink-, Blei-, Zinnhydroxyd, die als
sogenannte amphotere Elektrolyte sowohl mit Säuren als auch mit
Alkalien Salze bilden. Erstens sind derartige Metallhydrate als
Basen weit schwächer positiv als Diazoniumhydrate, und zweitens
sind sie als Säuren weit schwächer negativ als normale Diazohydrate; denn ihre Alkalisalze sind so unbeständig, daß sie zum
Teil gar nicht in fester Form erhalten werden können[3]). Die stark

positiven Diazoniumionen $\begin{matrix} Ar · \overset{\cdot\cdot}{N} \\ \overset{\cdot\cdot}{N} \end{matrix}$ können also nicht durch ein-

fachen Zutritt von Sauerstoff (ohne Umlagerung) in die deutlich

negativen Ionen $\begin{matrix} Ar · N · O' \\ \overset{\cdots}{N} \end{matrix}$ der normalen Diazotate umgewandelt
werden.

Die Diazoniumformel der normalen Diazotate würde auch deshalb ein Unikum darstellen, weil nach ihr das Diazoniumhydrat
durch Alkalien nicht nur nicht zerstört, sondern umgekehrt stabil

---

[1]) Hantzsch u. Gerilowski, Ber. **29**, 746 (1896).
[2]) Bamberger, Journ. pr. Chem. **51**, 589 (1895).
[3]) Hantzsch, Zeitschr. anorg. Chem. **30**, 289 (1902).

gemacht würde, während, wie weiter unten ausgeführt werden wird, alle Ammoniumhydrate mit mehrfacher Bindung am Ammoniumstickstoff durch Alkalien zerstört bzw. isomerisiert werden. Die Diazoniumformel $Ar \cdot N(OMe) \cdot N$ kann also den normalen Diazotaten nicht zukommen.

β) **Die normalen Diazosulfonate können nicht die Formel von Diazoniumsulfonaten** $\begin{matrix} Ar \cdot N \cdot SO_3Me \\ \cdots \\ N \end{matrix}$ **oder Sulfiten oder** $\begin{matrix} Ar \cdot N \cdot OSO_2Me \\ \cdots \\ N \end{matrix}$ **besitzen.** Diazonium wird als echtes Ammonium ebensowenig wie die Alkalimetalle Sulfonsäuren bilden können, sondern nur Sulfite. Aber selbst wenn man für festes Kaliumsulfit die Formel $K-SO_3K$ annehmen wollte, so sind doch die beiden Metallatome des Sulfits in wässeriger Lösung abdissoziiert; das Salz ist in 3 Ionen SO_3 und $2\,K$ gespalten. Daher sollte ein „Diazoniumkaliumsulfit" auch in die 3 Ionen SO_3, K und ArN_2 gespalten sein. Die Salze ArN_2SO_3K sind aber nur in die 2 Ionen ArN_2SO_3 und K gespalten und zeigen auch tatsächlich, solange diese Ionen (in alkalischer Lösung) intakt bleiben, weder die Reaktionen der Diazoniumsalze (z. B. die Empfindlichkeit gegen Alkalien) noch die der Sulfite[1]), — womit die obigen Formeln hinfällig werden. Außerdem sind die normalen Diazosulfonate und ihre Ionen intensiv farbig, während Benzoldiazoniumsalze mit farblosen Anionen (wie SO_3) farblos sind. Auch dies kann nicht durch die obigen Formeln, sondern nur durch die azoähnliche Formel $Ar \cdot N : N \cdot SO_3Me$ ausgedrückt werden, die ein azoähnliches und deshalb farbiges Ion enthält.

γ) **Die normalen Diazocyanide können nicht die Formel von Diazoniumcyaniden** $\begin{matrix} Ar \cdot N \cdot CN \\ \cdots \\ N \end{matrix}$ **besitzen.** Dieser Nachweis kann besonders scharf geführt werden. Da alle Diazoniumsalze (von den Salzen der stärksten Säuren bis zu denen der schwächsten Säuren) den Alkali- bzw. Ammoniumsalzen gleichen, so sollten die echten Diazoniumcyanide dem Kaliumcyanid analog sein. Tatsächlich sind aber die festen, wasserfreien, normalen Diazocyanide von der Formel ArN_2CN den Alkalicyaniden völlig unähnlich; sie sind in Wasser nicht äußerst leicht, sondern sehr

---

[1]) Hantzsch, Ber. **27**, 3529 (1894).

schwer löslich, dafür aber in allen organischen Flüssigkeiten, in denen die Alkalicyanide unlöslich sind, sehr leicht löslich; sie sind ferner nicht farblos, sondern intensiv farbig; sie sind sogar gegenüber Säuren so widerstandsfähig, daß manche hierbei überhaupt keine Blausäure entwickeln; sie verhalten sich endlich auch elektrochemisch nicht wie Kaliumcyanid bzw. wie normale Salze; sie sind mit einem Worte überhaupt keine Salze, also auch keine Diazoniumcyanide, sondern echte Azokörper.

3. Widerlegung der Formel Ar · N≡N · R.

Diese Formel ist von Bamberger und V. Meyer erwähnt, sowie von Oddo vorgeschlagen, aber von keiner Seite ernstlich verteidigt worden. Sie würde, ohne irgendeinen Vorzug zu bieten, ein völlig neues Isomerieprinzip einführen. Denn danach würden

normale Diazokörper   und   Isodiazokörper
Ar · N≡N · R   Ar · N = N · R

einen gänzlich neuen Isomeriefall darstellen, den man als „Isomerie durch Wechsel der Valenz" — oder kürzer als „Valenzisomerie" bezeichnen könnte. Aber wenn man diese Möglichkeit zugäbe, so ist einzuwerfen, daß die Verbindungen des dreiwertigen Stickstoffs von denen des fünfwertigen (wie die Verbindungen jedes Elements von verschiedener Valenz) bekanntlich einander sehr unähnlich sind, während normale und Isodiazokörper einander gerade sehr ähnlich sind.

Ferner sollten die normalen Diazohydrate Ar · N≡N · OH, wie die Diazoniumhydrate $\mathrm{Ar} \diagdown_{\mathrm{N}} \mathrm{N} \cdot \mathrm{OH}$, basische Hydrate sein; die normalen Diazotate leiten sich aber umgekehrt von einem sauren Diazohydrate ab u. a. m. Diese Formel kommt also ebenso wie die Diazoniumformel für die normalen Diazokörper nicht in Betracht.

4. Widerlegung spezieller Diazotatformeln.

Während für die isomeren Diazosulfonate und Diazocyanide nur die strukturidentischen Formeln Ar · N : N · (SO$_3$Me, CN) möglich sind, könnten, rein formal betrachtet, für die isomeren Diazotate und Diazohydrate außer der Formel Ar · N : N · OMe(H) auch

noch andere Strukturformeln konstruiert werden, nämlich beispielsweise folgende:

$$(1)\ \text{Ar} \cdot \text{N} \cdot \text{NO} \qquad (2)\ \text{Ar} \cdot \text{N} - \text{N} \cdot \text{Me} \qquad (3)\ \text{Ar} \cdot \text{N} : \text{N} \cdot \text{Me}$$

Derartige Formeln sind natürlich schon deshalb ganz unwahrscheinlich, weil danach die Isomerie zwischen Normal- und Isodiazotaten von ganz besonderer und anderer Art wäre wie die
Isomerie zwischen Normaldiazosulfonaten und Isodiazosulfonaten
(bzw. zwischen den Diazocyaniden); tatsächlich sind aber Entstehung und Verhalten aller Normaldiazoverbindungen (also auch
der Normaldiazotate) einander analog und ihre Beziehungen zu den
entsprechenden Isodiazoverbindungen ganz gleichartig.

Der Beweis für die Kekulésche Diazotatformel Ar·N = N−OMe
beruht nun einfach darauf, daß nur die Azoformel Ar · N : N · OMe
mit allen Reaktionen der Normaldiazotate ungezwungen vereinbar
ist, so z. B. mit ihrem Übergang in Azofarbstoffe durch Kupplung,
in Isodiazotate Ar · N : N · OMe durch Isomerisation, in echte
Diazoäther Ar · N : N · OCH$_3$ durch Alkylierung, also in lauter
Körper mit der Azogruppe Ar · N : N −. Umgekehrt sind die
obigen Formeln 1, 2 und 3 mit dem Verhalten der Normaldiazotate
unvereinbar: denn während die Normaldiazotate alle typischen
Diazoreaktionen zeigen, wären sie danach überhaupt keine Diazoverbindungen mehr. Ihre Bildung aus Diazoniumsalzen und ihre
sämtlichen Umsetzungen würden nur äußerst kompliziert zu formulieren sein und ganz anders verlaufen, als die doch tatsächlich
völlig analogen Vorgänge bei Normal-Diazosulfonaten und Cyaniden. Endlich wären die Normaldiazotate nach obigen Formeln
als eine eigenartige Gruppe von Iminokörpern (etwa als Iminonitro-
benzole) aufzufassen; tatsächlich zeigen sie keine einzige Reaktion
der Iminokörper; sie spalten nicht Ammoniak ab und bilden weder
bei der Alkylierung Stickstoffäther mit der Gruppe NCH$_3$ noch
bei der Acylierung Derivate mit der Gruppe NCOC$_6$H$_5$, was doch
sogar die Isodiazotate (entsprechend ihrer Tautomerie als Nitrosamine) tun. Es spricht also keine einzige Tatsache für diese Formeln; vielmehr sprechen alle Tatsachen dagegen.

Fast dieselben Gründe lassen sich auch gegen die — übrigens
schon auf S. 26 widerlegten — Diazobenzolformeln von Brühl
und Walther geltend machen. Das heißt: Auch für die Normal-

diazotate ist die übliche Azoformel Ar · N : N · OMe die einzig mögliche.

Oder allgemein: Alle Normaldiazoverbindungen und Isodiazoverbindungen sind strukturidentisch gemäß der Formel Ar · N: N · R

Hieraus ergibt sich nach den Entwicklungen auf S. 30 als einzige Erklärung ihrer Verschiedenheit die Annahme, daß sie stereoisomer sein müssen.

b) Die Stereoisomerie der Diazokörper

läßt sich in der Tat aus den Unterschieden zwischen Normalund Isodiazokörpern auf Grund derselben Prinzipien ableiten, nach denen die Konfiguration der stereoisomeren Äthylenkörper und Oxime bestimmt worden ist, und zwar mit dem in den folgenden Formeln zusammengefaßten Ergebnis:

<table>
<tr><td align="center">Normale = Syndiazoverbindungen</td><td align="center">Iso = Antidiazoverbindungen</td></tr>
<tr><td align="center">Ar—N
‖
R—N</td><td align="center">Ar—N
‖
N—R</td></tr>
</table>

wodurch die tatsächlich vorhandene Analogie der Syndiazokörper mit den Cis-Äthylenkörpern und die der Antidiazokörper mit den Transäthylenkörpern (Ersatz von CH''' durch N''') unmittelbar zum Ausdruck kommt:

<table>
<tr><td align="center">Cis-Aethylenverbindungen</td><td align="center">Trans-Äthylenverbindungen</td></tr>
<tr><td align="center">R_1—C · H
‖
R_2—C · H</td><td align="center">R_1—C · H
‖
H · C—R_2</td></tr>
</table>

Mit den bekannten Tetraedermodellen läßt sich diese Analogie und damit die Konfiguration der stereoisomeren Diazokörper durch die Annahme versinnbildlichen, daß das dreiwertige Stickstoffatom mindestens unter gewissen Bedingungen seine drei „Valenzeinheiten

nach drei Ecken eines Tetraeders richte, und sich selbst in der vierten Tetraederecke befinde. Danach (I) erscheinen „Doppelstickstoffverbindungen" (Diazoverbindungen) als Doppeltetraeder mit einer gemeinsamen Kante; und ihre Stereoisomeren können durch die folgenden Modelle veranschaulicht werden.

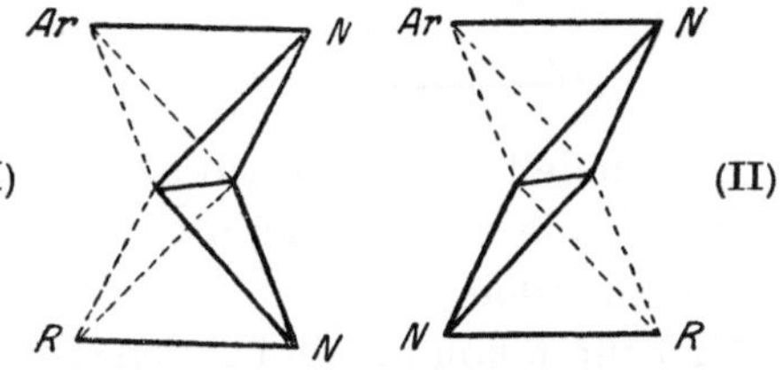

In derartigen Modellen liegt — trotz der ihnen wie jedem

„Bilde" anhaftenden Unzulänglichkeit — doch ein unmittelbarer
Ausdruck nicht nur gewisser Analogien, sondern auch gewisser
Verschiedenheiten zwischen Stickstoff- und Kohlenstoffverbin-
dungen.

In den gesättigten Kohlenstoffmolekeln (Methanderivaten) liegt
das Kohlenstoffatom zentral; auch in den ungesättigten Kohlenstoffmolekeln (Äthylen-Acetylen-Benzolderivaten) ist diese Lage
modifiziert erhalten geblieben; alle Kohlenstoffmolekeln sind also
möglichst symmetrisch gebaut. Demgegenüber liegt, wenigstens
bei allen in dieser Hinsicht erfolgreich untersuchten ungesättigten
Stickstoffmolekeln das Stickstoffatom azentrisch und asymmetrisch.
Man kann danach die Diazokörper wie die Oxime mit dem treffen-
den Worte des Physiologen C. Ludwig figürlich als Verbindungen
mit einem „schiefen" Stickstoffatom bezeichnen.

Auch die besondere Unbeständigkeit und Leichtigkeit des Zer-
falls der Synkörper läßt sich durch diese Modelle unter der zwar
hypothetischen, aber doch vielfach zweckmäßigen Vorstellung erklären, daß die Einzelvalenzen sich als gerichtete Kräfte nicht
unter einem Winkel, sondern gemäß der v. Baeyerschen Span-
nungstheorie, unter Ausgleich hierbei etwa erzeugter Spannungen
geradlinig zu verbinden streben. Dieser Fall ist nun, wie die obigen
Modelle zeigen, gerade bei den Syndiazokörpern verwirklicht. Dieselben werden also, wie die folgenden Modelle veranschaulichen,
vom Zustand I a in den Zustand I b überzugehen streben.

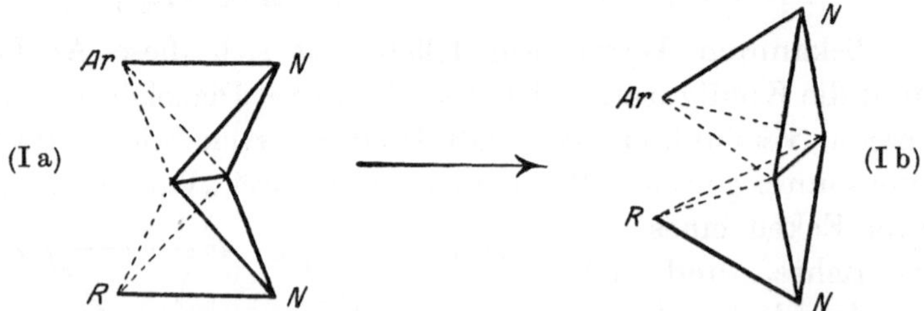

Das Modell (II) der Antidiazokörper weist derartige Spannungen
nicht auf, die zwei Stickstoffvalenzen sind von vornherein geradlinig verbunden.

Hierdurch kommt ein bei den stereoisomeren Doppelkohlenstoff-
verbindungen nicht vorhandener Unterschied zwischen den stereoisomeren Doppelstickstoffverbindungen zum Ausdruck, der die
Verschiedenheit zwischen Syn- und Antidiazokörpern vergrößert.

Die Syndiazokörper erscheinen danach im Modell als besonders stark gespannte, also als besonders labile Moleküle, die besonders leicht in die nicht gespannten Antikörper übergehen werden; sie besitzen aber auch nach dem Modell (I b) die beiden mit den Stickstoffatomen verbundenen Gruppen in besonders großer Nähe; sie zerfallen daher besonders leicht im Sinne der Gleichung $ArN_2R = ArR + N_2$.

Endlich veranschaulicht das Modell I b der Synkonfiguration, daß die ihm entsprechenden Körper nur bei besonders günstiger Beschaffenheit (Kleinheit) der sehr nahe beieinander befindlichen Gruppen Ar und R existieren werden, und daß in der Regel, namentlich bei größerem Umfange der veränderlichen Gruppe R, für dieselbe nicht Platz genug zwischen den 2 Stickstoffatomen sein wird; alsdann muß aus der Synkonfiguration wegen sterischer Hemmungen die Antikonfiguration spontan durch Umschlag erzeugt werden. In der Tat sind nur Syndiazotate und Syndiazocyanide, wo $R = OMe$ bzw. CN, also sehr klein ist, relativ stabil; Syndiazosulfonate, wo $R = SO_3Me$, sind schon unbeständiger, und die übrigen Synkörper, z. B. Syndiazosulfone, Syndiazoaminokörper (wo $R = SO_2Ar$, $NHAr$) usw. anscheinend gar nicht existenzfähig.

c) Konfigurationsbestimmung der stereoisomeren Diazokörper.

1. Durch graduell verschiedene Reaktionsfähigkeit.

Entsprechend den obigen Stereoformeln besitzen die Syn-(Cis-)diazokörper gleich den Cis-Äthylenkörpern eine weniger symmetrische Formel als die Anti-(Trans-)diazokörper bzw. die Trans-Äthylenkörper. Genau wie die Cis-Äthylenkörper im Vergleich mit den Trans-Äthylenkörpern müssen also die Syndiazokörper die labilen Isomeren mit größerem Energiegehalt, die Antidiazokörper die stabilen Isomeren mit geringerem Energiegehalt sein. Diese Beziehungen bestehen tatsächlich zwischen der normalen und der Isodiazoreihe; erstere entspricht gewissermaßen der Maleïnsäure, letztere der Fumarsäure. Von 2 isomeren Diazokörpern ist der normale „Syn"körper stets zersetzlicher bzw. explosibler als der isomere „Anti"körper (Konfigurationsbestimmung durch Explosibilität). Aus demselben Grunde ist er auch reaktionsfähiger; er wird leichter zu Hydrazinen reduziert, leichter zu Nitraminen oxydiert und leichter in acylierte Säureamide verwandelt. Die leichtere Reduzierbarkeit ist besonders scharf an dem Verhalten gegen alkalische Zinnoxydullösungen zu erkennen[1]), so daß die Verwendung von diesem Reagens geradezu als chemische Methode zur Unterscheidung von Syn- und Antidiazotaten angesehen werden kann. Unter geeigneten Bedingungen entwickeln in diesem Falle nämlich die Syndiazotatlösungen Stickstoff, während die Antidiazotatlösungen unverändert bleiben[2]). Auch physikalisch unterscheiden sich Synkörper von den Antikörpern (wieder analog den Cis-Äthylenkörpern) durch größere Löslichkeit und tieferen Schmelzpunkt.

2) Durch Farbstoffbildung (Kupplung).

Auch die später ausführlich zu behandelnde „Kupplung“, d. i. die Umsetzung von Diazokörpern mit Phenolen und Anilinen zu Azofarbstoffen, z. B.

$$\mathrm{Ar \cdot N:N \cdot R + H \cdot C_{10}H_6 \cdot OH \rightarrow RH + Ar \cdot N:N \cdot C_{10}H_6 \cdot OH}$$

verläuft bei Syndiazokörpern stets rascher als bei Antidiazokörpern. Diese Reaktion bildet natürlich nur einen Spezialfall der unter 1. erwähnten, ist aber zu der diagnostisch einfachsten und wichtigsten Methode der Konfigurationsbestimmung der stereoisomeren Diazokörper geworden[3]). Sie versagt nie im Falle der Existenz beider Isomeren; doch darf sie nicht, wie dies bisweilen geschehen ist, dahin verallgemeinert werden, als ob nur die normale Reihe, die Isoreihe aber gar nicht kupple. Denn es gibt neben kaum oder sehr langsam kuppelnden Isodiazokörpern (z. B. $\mathrm{Br_3C_6H_2 \cdot N_2 \cdot CN}$, $\mathrm{C_6H_5 \cdot N_2 \cdot SO_3K}$) auch ziemlich rasch kuppelnde (z. B. $\mathrm{C_6H_5N_2 \cdot OK}$ und $\mathrm{NO_2C_6H_4 \cdot N_2 \cdot CN}$) und sogar sehr rasch kuppelnde (z. B. $\mathrm{NO_2C_6H_4 \cdot N_2 \cdot OK}$). Die Kupplung ist also bei fehlender Isomerie nur mit Vorsicht zur Konstitutionsbestimmung zu verwerten und hat deshalb bisweilen, z. B. bei den Diazoäthern (s. diese), zu unrichtigen Schlüssen geführt. Denn wie die meisten chemischen Reaktionen, so weist auch die Farbstoffbildung für Synkörper und

---

[1]) Hantzsch u. Vock, Ber. **36**, 2065 (1903); vgl. Eibner, Ber. **36**, 815 (1903).

[2]) Auch arsenige Säure zeigt nach Gutmann (Ber. **45**, 821 [1912]) ein ähnliches Verhalten. Die von Gutmann hieraus gezogenen Schlüsse können aber nach den hier vorgetragenen Darlegungen nicht anerkannt werden.

[3]) Das β-Naphthol eignet sich hierfür besser als das a-Naphthol; vgl. Hantzsch Ber. **36**, 3101, Anmerkg. 2 (1903).

Antikörper nur graduelle Unterschiede auf. Und gegenüber dem Einwand, daß angeblich diese Formeln eine befriedigende Erklärung für die verschiedene Kupplungsfähigkeit nicht geben können, sei nochmals betont, daß die raschere Kupplung der Synkörper ebenso wie ihre größere Reaktionsfähigkeit im allgemeinen durch ihren größeren Energiegehalt und letzterer wieder durch die weniger symmetrischen Konfigurationsformeln befriedigend erklärt wird.

3. Durch intramolekulare Zersetzung.

Nur die normalen Diazokörper zerfallen direkt im Sinne der Gleichung:

$$Ar \cdot N_2 \cdot X \;=\; ArX + N_2 ,$$

zeigen also als solche die typische Diazospaltung. Dies bedeutet nach dem Prinzipe der intramolekularen Reaktion räumlich benachbarter Gruppen, daß Ar und X die Nachbarstellung einnehmen, daß also die normale Reihe die Synreihe ist. Diese Diazospaltung ist dem Zerfall der Synaldoxime in Wasser und Nitrile vergleichbar:

$$
\begin{array}{ccc}
Ar \cdot N & & Ar \quad N \\
\| & \rightarrow & | \;+\; \| \;; \\
X \cdot N & & X \quad N
\end{array}
\qquad \text{analog} \qquad
\begin{array}{ccc}
H \cdot C \cdot C_6H_5 & & H \quad C \cdot C_6H_5 . \\
\| & \rightarrow & | \;+\; \| \\
HO \cdot N & & HO \quad N
\end{array}
$$

Für jede der 3 Gruppen sei ein Beispiel angeführt:

$$
\begin{array}{ccc}
\text{Syndiazotat} & \text{Syndiazosulfonat} & \text{Syndiazocyanid} \\
SO_3K \cdot C_6H_4 \colon N & C_6H_5 \cdot N & BrC_6H_4 \cdot N \\
\| & \| & \| \\
HO \cdot N & KO \cdot SO_2 \cdot N & CN \cdot N \\
\downarrow & \downarrow & \downarrow \\
SO_3K \cdot C_6H_4 \quad N & C_6H_5 \quad N & BrC_6H_4 \quad N \\
| \;+\; | & | \;+\; | & | \;+\; \| \\
HO \quad N & OK, SO_2 \quad N & CN \quad N
\end{array}
$$

Bei den sog. Isodiazokörpern treten diese intramolekularen Zersetzungen nicht oder viel langsamer auf. Sie sind daher Antikörper mit Gegenstellung der Gruppen Ar und R, gemäß dem obigen Symbol. Ob die Antikörper (ähnlich wie die Fumarsäure beim Übergang in Maleïnsäureanhydrid) beim Erwärmen sich zuerst in die Synkörper umlagern, ehe sie zerfallen, ist zwar wahrscheinlich, aber nicht nachgewiesen.

4. Durch Bildung von inneren Anhydriden (Ringen).

Nur die normalen Diazokörper bzw. die hierbei reagierenden Diazohydrate bilden analog den Cis-Äthylenkörpern direkt innere

Anhydride; so entstehen nach P. Jacobson[1]) statt der Ortho-Thio-
diazophenolhydrate unter Austritt von Wasser „Diazosulfide":

$$\text{SH OH} \quad \rightarrow \quad \text{S} \qquad \text{N,}$$
$$\text{N=N} \qquad\qquad \text{N}$$

nach Bamberger[2]) aus orthomethylierten Diazohydraten „Inda-
zole":

$$\text{CH}_3 \text{ OH} \quad \rightarrow \quad \text{CH}_2 \quad \text{N} \quad \rightarrow \quad \text{CH} \quad \text{N}$$
$$\text{N=N} \qquad\qquad \text{N} \qquad\qquad \text{NH}$$

denn diese Reaktionen sind, trotzdem die freien normalen Diazohydrate nicht isoliert werden können, nur auf diese Zwischenprodukte zurückzuführen, da sich die Ringbildungen in einer „normalen Diazolösung" vollziehen und in einer solchen Syndiazohydrate (und nicht Antidiazohydrate) enthalten sind.

Auch die Bildung der sog. freien Diazophenole (Chinondiazide)
aus den sog. Diazophenolsalzen (Oxydiazoniumszalen) durch Kali
ist analog zu formulieren (vgl. S. 60); das durch Umlagerung
erzeugte Syndiazohydrat anhydrisiert sich folgendermaßen:

$$\text{HO}-\langle\ \rangle-\text{N} \rightarrow \text{O}-\langle\ \rangle-\text{N} \rightarrow \text{O}=\langle\ \rangle-\text{N}$$
$$\text{HO}-\text{N} \qquad\qquad \text{N} \qquad\qquad \text{N}$$

Analog reagierende Antidiazokörper sind auch hier aus dem
oben angeführten Grunde (Nichtreaktion der in Gegenstellung
befindlichen Gruppen) nicht bekannt.

Die Antireihe zeigt überhaupt meist einen so eindeutigen Azo-
charakter, daß die Azoformel für die längst bekannten Repräsentanten, die Antisulfonate $Ar \cdot N : N \cdot SO_3Me$ von jeher aufgestellt,
für die jüngst entdeckten Anticyanide $Ar \cdot N : N \cdot CN$ niemals
bezweifelt und schließlich auch für die anfangs als Nitrosaminsalze
angesehenen Diazotate $Ar \cdot N : N \cdot OMe$ jetzt allgemein anerkannt
worden ist.

[1]) Ann. Chem. **277**, 209 (1893).
[2]) Ann. Chem. **305**, 289 (1899).

d) Bildungsweise stereoisomerer Diazokörper.

Die einzige allgemeine Bildungsweise von Diazokörpern ist die aus Diazoniumsalzen; dieselbe vollzieht sich glatt meist nur in alkalisch bleibender Lösung und ist trotz ihrer einfachen empirischen Formulierung:

$$Ar \cdot N_2 \cdot Cl + K(OK,\ CN,\ SO_3K) = ClK + Ar \cdot N_2 \cdot (OK,\ CN,\ SO_3K)$$

nicht, wie man mit Kekulé lange Zeit annahm, eine einfache Substitution; vielmehr folgt aus den oben bewiesenen Formeln der Diazoniumsalze und der Diazoverbindungen, daß diese Reaktion eine Umlagerung des Diazoniumtypus in den Diazotypus bedeutet und deshalb (zunächst ohne Rücksicht auf Stereoisomerie) so zu formulieren ist:

$$\genfrac{}{}{0pt}{}{Ar}{Cl}\!\!\searrow\!\!N \vdots N + K(OK,\ SO_3K,\ CN) = KCl + Ar \cdot N \vdots N \cdot (OK,\ SO_3K,\ CN),$$

wonach das neu eintretende Radikal nicht an die Stelle des austretenden tritt, also nicht an das ursprünglich fünfwertige, sondern an das dreiwertige .Stickstoffatom gebunden wird. Dieser Übergang der ammoniumähnlichen Diazoniumsalze in die indifferenten Diazokörper ist allgemein dem Übergang der Ammoniumsalze in Ammoniakderivate durch alkalisch reagierende Stoffe, d. i. durch Hydroxylion vergleichbar; im speziellen ist er ganz analog der Umwandlung solcher Ammonsalze, die eine doppelte oder dreifache Bindung am Ammoniumstickstoff aufweisen, wie sie auch bei Diazoniumsalzen vorhanden ist. Wie die Salze mit doppelter Bindung zwischen Stickstoff und Kohlenstoff, z. B. die Chloride des Methylphenylacridiniums, des Cotarnins, die zahlreichen chinoiden Farbstoffsalze usw. durch Alkalien (oder Alkalicyanide) zwar zuerst in die labilen, alkaliähnlichen, stark basischen echten Ammoniumhydrate (oder in Ammoniumcyanide) verwandelt werden, letztere aber mehr oder minder rasch durch Wanderung des vom Stickstoff abdissoziierten Hydroxyls (oder Cyans) zum Kohlenstoff zu indifferenten Pseudoammonbasen (oder Pseudosalzen) isomerisiert werden[1]:

---

[1] Hantzsch u. Kalb, Ber. **32**, 3109 (1899); Hantzsch u. Osswald, Ber. **33**, 278 (1900). — Vgl. Werner, Ann. **322**, 289 (1902).

$$
\begin{matrix}
-\mathrm{C} \\ -\mathrm{C}
\end{matrix}\!\!\!>\!\!\mathrm{N}\!<\!\!\!
\begin{matrix}
\mathrm{CH_3} \\ \mathrm{Cl}
\end{matrix}
\;\rightarrow\;
\begin{matrix}
-\mathrm{C} \\ -\mathrm{C}
\end{matrix}\!\!\!>\!\!\mathrm{N}\!<\!\!\!
\begin{matrix}
\mathrm{CH_3} \\ (\mathrm{OH},\,\mathrm{CN})
\end{matrix}
\;\rightarrow\;
(\mathrm{HO},\,\mathrm{CN})\!-\!\mathrm{C}\!\!\!
\begin{matrix}
-\mathrm{C} \\ \\
\end{matrix}\!\!\!>\!\!\mathrm{N}\!-\!\mathrm{CH_3},
$$

Echtes Ammonsalz   Echte Ammonbase   Pseudobase
     Echtes Ammoncyanid   Pseudosalz

genau so verwandeln sich die Diazoniumsalze (mit dreifacher
Stickstoffbindung) durch Kali, Kaliumcyanid und Kaliumsulfit
in die entsprechenden Syndiazokörper, indem die vom Ammoniumstickstoff abdissoziierten Gruppen sich an dem Ammoniakstickstoff
festsetzen:

$$
\begin{matrix}\mathrm{Ar}\\ \mathrm{N}\end{matrix}\!\!\!>\!\!\mathrm{N}\!-\!\mathrm{Cl}
\;\rightarrow\;
\left[\begin{matrix}\mathrm{Ar}\\ \mathrm{N}\end{matrix}\!\!\!>\!\!\mathrm{N}\!-\!(\mathrm{OH},\,\mathrm{CN},\,\mathrm{SO_3K})\right]
\;\rightarrow\;
$$

Diazoniumsalz

$$
(\mathrm{OH},\,\mathrm{CN},\,\mathrm{SO_3K})\cdot\mathrm{N}\!\!\!>\!\!\!\begin{matrix}\mathrm{Ar}\\ \mathrm{N}\end{matrix}
$$

Syndiazoverbindungen

Die Syndiazokörper können danach auch als „Pseudodiazoniumverbindungen" bezeichnet werden.

Berücksichtigt man nun, daß aus Diazoniumsalzen primär stets
Syndiazokörper und erst sekundär, durch deren Umlagerung, Antidiazokörper entstehen, so hat man diese Reaktion schließlich im
räumlichen Sinne folgendermaßen zu formulieren:

$$
\begin{matrix}
\mathrm{Ar} & (\mathrm{OK},\,\mathrm{SO_3K},\,\mathrm{CN}) \\
\dot{\mathrm{N}}:\mathrm{N}+ & | \\
\dot{\mathrm{Cl}} & \mathrm{K}
\end{matrix}
\;\;\rightarrow\;\;
\begin{matrix}
\mathrm{Ar}(\mathrm{OK},\,\mathrm{SO_3K},\,\mathrm{CN}) \\
\dot{\mathrm{N}}:\mathrm{N} \\
\mathrm{Cl}\cdot\mathrm{K}
\end{matrix}
\;\;\rightarrow\;\;
\begin{matrix}
\mathrm{Ar} \\
\dot{\mathrm{N}}:\mathrm{N} \\
(\dot{\mathrm{O}}\mathrm{K},\,\mathrm{SO_3K},\,\mathrm{CN})
\end{matrix}
$$

Tatsächlich wird natürlich wohl, da aus Diazoniumsalzen in
alkalischer Lösung nachweislich zuerst Diazoniumhydrat entsteht,
dieses letztere mit den Alkaliverbindungen reagieren; auch könnte
man vor der Bildung der Syndiazokörper die eines Additions-
produktes annehmen, da ein solches in anderen Fällen (s. S. 63)
wirklich isolierbar ist.

$$
\begin{matrix}
\mathrm{Ar} & \mathrm{R} \\
\dot{\mathrm{N}}\equiv\mathrm{N}+ & | \\
\dot{\mathrm{H}\mathrm{O}} & \mathrm{H}
\end{matrix}
\;\rightarrow\;
\left[\begin{matrix}
\mathrm{Ar} & \mathrm{R} \\
\dot{\mathrm{N}}\!=\!\!=\!\dot{\mathrm{N}} \\
\dot{\mathrm{H}\mathrm{O}} & \dot{\mathrm{H}}
\end{matrix}\right]
\;\rightarrow\;
\begin{matrix}
\mathrm{Ar} & \mathrm{R} \\
\dot{\mathrm{N}}\!=\!\dot{\mathrm{N}} \\
\mathrm{HO}\!-\!\mathrm{H}
\end{matrix}
$$

Jedenfalls ist hiermit veranschaulicht, warum aus Diazoniumsalzen primär Syndiazokörper hervorgehen: das Diazoniumsalz
oder richtiger das Diazoniumhydrat wird sich mit der reagierenden
Substanz räumlich so orientieren, daß die austretenden Gruppen
einander benachbart werden; dadurch kommt auch die eintretende

Gruppe R zum Benzolrest Ar in Nachbarstellung; sie wird also auch in Nachbar-(Syn-)Stellung fixiert und erzeugt deshalb einen Syndiazokörper.

Eine zweite, jedoch nicht so allgemeine Bildungsweise von Diazokörpern ist die aus Hydrazinderivaten durch Oxydation:

$$Ar \cdot NH \cdot NHR + O = H_2O + Ar \cdot N : N \cdot R$$

z. B. die Entstehung von Diazosulfonaten aus Hydrazinsulfonaten durch Quecksilberoxyd nach E. Fischer. Sie führt meist (anscheinend direkt) zu Antikörpern.

Spezielle Bildungsweisen sind nur wichtig für die Diazotate:

Syndiazotate entstehen aus Nitrososäureaniliden durch Kali[1]):

$$Ar \cdot N(NO) \cdot COCH_3 + 2 KOH = Ar \cdot N : N \cdot OK + KOCOCH_3 + H_2O$$

welche Reaktion auf S. 46 erläutert bzw. erklärt werden wird. Ferner durch Reduktion von sogenannten diazobenzolsauren oder nitraminsauren Salzen:

$$Ar \cdot N_2O \cdot OK + H_2 = H_2O + Ar \cdot N : N \cdot OK .$$

Syndiazotate entstehen ferner nach einer zuerst von Bamberger[2]) gefundenen Reaktion aus Nitrosobenzol und Hydroxylamin in alkalischer Lösung:

$$C_6H_5 \cdot NO + H_2NOH + KOH = C_6H_5N : N \cdot OK + 2 H_2O ,$$

wodurch sich die Diazotate auch durch ihre Entstehung als Oxime des Nitrosobenzols kennzeichnen. Anfänglich wurden die Produkte dieser Reaktion als Antidiazohydrate aufgefaßt, doch wies Hantzsch nach, daß primär Syndiazotate[3]) entstehen. Die geringe Menge Antidiazotat, die sich nebenbei noch nachweisen läßt, ist demnach durch Isomerisation von Antidiazohydrat hervorgegangen.

In ähnlicher Weise entstehen, wie zuerst Angeli[4]) gefunden hat, aus Arylhydroxylaminen und Nitroxyl NOH Syndiazotate:

$$Ar \cdot NH \cdot OH + NOH = Ar \cdot N : N \cdot OH + H_2O .$$

Antidiazotate entstehen durch Reduktion der Salze der Nitrosohydroxylamine[5]) (s. S. 59). Dagegen ist es selbstverständlich,

[1]) Bamberger, Ber. **27**, 915 (1894) u. a. a. O.
[2]) Ber. **28**, 1218 (1895).
[3]) Ber. **38**, 2056 (1905); vgl. Ber. **42**, 3582, Anm. 1 (1909).
[4]) Ber. **37**, 2390 (1904); R. Accad. d. Linc. 1905, 30.
[5]) Bamberger, Ber. **31**, 582 (1898).

daß Reaktionen, die erst bei höherer Temperatur auftreten, stets
die stabileren Antidiazotate liefern. Derartigen Bildungsweisen
ist daher keine Bedeutung für die Konstitutionsbestimmung
zuzuschreiben. So entstehen Antidiazotate aus sekundären Nitrosaminen[1]) sowie aus o- und p-Oxybenzylphenylnitrosaminen[2]) durch
Erhitzen mit Kali:

$$\mathrm{Ar \cdot NCH_3 \cdot NO \; \rightarrow \; Ar \cdot N : N \cdot OK}$$

$$\mathrm{Ar \cdot N} \Big\langle{\mathrm{NO} \atop \mathrm{CH_2 \cdot C_6H_4 \cdot OH}} \; \rightarrow \; \mathrm{Ar \cdot N : N \cdot OK}$$

Ferner entstehen Antidiazotate synthetisch aus Anilinbasen
durch Amylnitrit und Natriumäthylat[3]).

Spezielle Eigentümlichkeiten treten bei keiner der bisher
besprochenen Gruppen von stereoisomeren Diazokörpern auf;
wird dagegen in den Diazotaten das Metall durch Wasserstoff
ersetzt, so zeigen sich — infolge der bekannten Beweglichkeit des
Wasserstoffs — bei den so resultierenden Wasserstoffverbindungen
$\mathrm{ArN_2OH}$ eigentümlich komplizierte (obgleich nicht prinzipiell neue)
Erscheinungen.

III. Diazohydrate und primäre Nitrosamine.

Isomere Diazohydrate $\mathrm{Ar \cdot N : N \cdot OH}$ existieren nicht,
was zu betonen ist. Der Grund hierfür liegt darin, daß Syndiazo-
hydrate $\dfrac{\mathrm{Ar \cdot N}}{\mathrm{HO \cdot N}}$ nicht in freiem Zustande isolierbar sind; teils
weil sie äußerst leicht schon in Lösung in Phenole und Stickstoff
zerfallen, teils weil sie sich zu ionisierten Diazoniumhydraten oder
zu Antidiazohydraten isomerisieren. Man kann jedoch daraus,
daß Syndiazotate (entsprechend den Synaldoximsalzen) in wässeriger Lösung weitgehend und stets stärker hydrolysiert sind, als
Antidiazotate, sicher schließen, daß Syndiazohydrate schwächere
Säuren sind als Antidiazohydrate[4]).

Die isolierbaren Verbindungen $\mathrm{ArN_2OH}$ stehen zur Antireihe
in Beziehung, da sie nur aus Antidiazotaten gebildet werden.
Diese Wasserstoffverbindungen sind tautomer und bald für echte

[1]) Bamberger, Ber. **33**, 1957 (1900).
[2]) Bamberger, Ann. Chem. **313**, 97 (1900).
[3]) Bamberger, Ber. **27**, 1948 (1894).
[4]) Hantzsch u. Gerilowski, Ber. **28**, 2004 (1895)

Diazohydrate, bald für primäre Nitrosamine gehalten worden (siehe historischen Teil). Völlig geklärt sind diese Verhältnisse erst durch die nachgewiesene Existenzfähigkeit dieser Verbindungen in zwei gesonderten Formen, als Diazohydrate und als primäre Nitrosamine, womit zugleich auch die Strukturisomerie eines rein anorganischen Atomkomplexes ($\cdot N_2OH = N:N\cdot OH$ und $\cdot NH\cdot NO$) zum erstenmal realisiert wurde[1].

Antidiazohydrate $\genfrac{}{}{0pt}{}{Ar\cdot N}{\ddot{N}\cdot OH}$ sind die direkt aus den Antidiazotaten durch Säuren abscheidbaren Isomeren. Sie sind zwar sehr veränderlich, erweisen sich aber doch mit Bestimmtheit durch ihre direkte Reaktion mit Phosphorchloriden, Acetylchlorid und Phenylisocyanat als echte Hydroxylverbindungen und durch direkte Salzbildung mit trockenem Ammoniak [Ammoniakreaktion[2]] in fester Form und in ätherischer Lösung als echte Säuren.

Primäre Nitrosamine Ar · NH · NO entstehen aus den Antidiazohydraten durch Wanderung des abdissoziierten Wasserstoffs vom Sauerstoff zum Stickstoff:

$$\genfrac{}{}{0pt}{}{Ar\cdot N}{\ddot{N}\cdot OH} \quad\rightarrow\quad \genfrac{}{}{0pt}{}{Ar\cdot NH}{\dot{N}O}$$

Diese Isomerisation erfolgt, entsprechend der leichten Atomverschiebung in anorganischen Atomkomplexen, so außerordentlich rasch, daß die beiden Isomeren nur in einigen Fällen isoliert werden können. Und auch dann isomerisieren sich die freien Antidiazohydrate langsam meist schon in festem Zustande, sehr rasch in Lösung, so daß z. B. Chloroform- und Benzollösungen aus Antidiazohydraten tatsächlich solche von primären Nitrosaminen sind. Abgesehen von dem Unterschied in der Farbe — Antidiazohydrate sind farblos, Nitrosamine gelb — sind die primären Nitrosamine entsprechend ihrer Formel Ar · NH · NO indifferent gegen die auf Antidiazohydrate wirkenden Reagenzien auf Hydroxylverbindungen; als Pseudosäuren sind sie ferner Nichtelektrolyte von neutraler Reaktion, die mit trockenem Ammoniak keine Ammonsalze bilden. Mit β-Naphthol kuppeln sie, aber langsamer als die isomeren Antidiazohydrate. Analog den sekundären Nitrosaminen geben sie bei Ausschluß von Wasser durch Salzsäure Chlorhydrate, werden

---

[1] Hantzsch u. Pohl, Ber. **35**, 2964 (1902); Hantzsch, Ber. **45**, 3036 (1912).
[2] Hantzsch u. Dollfus, Ber. **35**, 226 (1902).

aber durch wässerige Säuren teils unter Abspaltung von salpetriger
Säure zersetzt, teils (namentlich in großer Verdünnung) langsam
in Diazoniumsalze zurückverwandelt. Durch vorsichtige Behandlung mit wässerigem Alkali werden die primären Nitrosamine, wie
sich besonders gut beim gelben Nitrosamin des p-Aminobenzo-
phenons $C_6H_5 \cdot CO \cdot C_6H_4 \cdot NH \cdot NO$ zeigen ließ[1]), wieder in Antidiazotate zurückverwandelt. Daß die primären Nitrosamine neben
den isomeren Antidiazohydraten als gesonderte Individuen bestehen, ist schließlich auch durch die optische Untersuchung[2]) nachgewiesen worden, wonach z. B. die Verbindung $p\text{-}NO_2 \cdot C_6H_4 \cdot N_2OH$
in ätherischer Lösung als Diazohydrat $NO_2 \cdot C_6H_4 \cdot N:N \cdot OH$
selektiv, aber in Chloroformlösung als Nitrosamin $NO_2 \cdot C_6H_4 \cdot NH \cdot NO$
nur allgemein absorbiert.

Nitrososäureanilide (Acylnitrosamine) $Ar \cdot N(CO \cdot R)NO$
sind zweifellos echte Nitrosoverbindungen, da sie durch Nitrosierung
aus Säureaniliden entstehen, wieder in letztere zurückverwandelt
werden und sich auch physikalisch nicht wie Acetate bzw. Salze

$$\text{etwa} \quad \underset{N}{\overset{Ar \cdot N \cdot OOC \cdot CH_3}{\|}} \quad \text{verhalten[3]).}$$ Die Bildung von Nitroso-

säureaniliden aus Diazotaten und Säurechloriden[4]) ist angesichts
der nachgewiesenen Übergänge: Syndiazotat → Antidiazotat
→ Antidiazohydrat → primäres Nitrosamin gerade bei ihrer Auffassung als Acylnitrosamine leicht verständlich; auch bei ihrer Rückverwandlung in Syndiazotate (s. S. 43) braucht man nur eine
primäre Addition von Alkali an die Nitrosogruppe anzunehmen.
In diesem Additionsprodukt könnten sich die miteinander reagierenden (als Essigsäure austretenden) Gruppen in Nachbarstellung
orientieren und so die Bildung von Syndiazotat veranlassen:

$$
\begin{array}{ccc}
\begin{matrix} Ar \\[2pt] \overset{\cdot}{N}-NO+KOH \\[2pt] CH_3CO \end{matrix}
\;\rightarrow\;
\left\{ \begin{matrix} Ar & OK \\[2pt] \overset{\cdot}{N}-\overset{\cdot}{N} \\[2pt] CH_3CO & OH \end{matrix} \right\}
\;\rightarrow\;
\begin{matrix} Ar & OK \\[2pt] N=N \\[2pt] CH_3CO-OH \end{matrix}
\end{array}
$$

---

1) Hantzsch, Ber. **45**, 3038 (1912).

2) Hantzsch u. Lifschitz, Ber. **45**, 3033 (1912).

3) Diazoniumacetate sind außerdem in dissoziiertem Zustande bekannt und
sind natürlich echte Salze. Deshalb darf auch nicht die Formel der Diazoniumacetate für eine tautomere Formel der Nitrososäureanilide angesehen werden. Beide
Körper sind echte Isomere und überhaupt nicht ineinander überzuführen, also
durchaus nicht Tautomere.

4) v. Pechmann, Ber. **27**, 656 (1894); Bamberger, ebenda **27**, 915 (1894)

Das diazoähnliche Verhalten der Acylnitrosamine zeigt also, gleich dem der primären Nitrosamine selbst, nichts weiter, als daß beide leicht in Diazokörper übergehen, berechtigt aber nicht, sie für wirkliche Diazokörper zu halten.

Und wenn die Nitrososäureanilide auch mit Benzol, Thiophen, Pyridin u. a. ähnlich wie Diazoverbindungen reagieren[1]), so braucht man nur das obige Reaktionsschema entsprechend umzuformen, um z. B. die Bildung von Diphenyl folgendermaßen darzustellen:

$$
\begin{array}{ccc}
\begin{array}{cc} C_6H_5 & C_6H_5 \\ N\!-\!NO+H \\ CH_3CO \end{array}
&=&
\left[\begin{array}{cc} C_6H_5 & C_6H_5 \\ N\!-\!N \\ CH_3CO & OH \end{array} \right]
=
\begin{array}{c} C_6H_5\!-\!C_6H_5 \\ N\!=\!N \\ CH_3CO\!-\!OH \end{array}
\end{array}
$$

IV. Übergänge zwischen Diazonium-, Syn- und Antidiazoverbindungen.

Ganz entsprechend den Beziehungen zwischen Ammoniumsalzen und Ammoniakderivaten sind Diazoniumsalze säurestabil, Diazokörper alkalistabil. Diazoniumsalze verwandeln sich also durch Hydroxylion in Diazokörper, Diazokörper durch Wasserstoffion in Diazoniumsalze. Doch sind diese Umwandlungen unter gewissen Bedingungen eigenartig kompliziert, indem sie bisweilen nur unvollständig sind, also zu Gleichgewichten verschiedener Diazotypen führen. Dies gilt namentlich für die

a) Beziehungen zwischen Diazonium- und Syndiazoverbindungen.

Bei diesen, nach den Entwicklungen auf S. 41 bis 44 folgendermaßen kurz darzustellenden Übergängen:

$$
\text{(1)} \begin{array}{cc} Ar & R \\ N\!:\!N + \\ X & K \end{array}
\xrightarrow{\text{OH-Ion}}
\begin{array}{c} Ar\ R \\ N\!:\!N; \\ X\!-\!K \end{array}
\quad
\text{(2)} \begin{array}{c} Ar\ R \\ N\!:\!N \\ X\!-\!H \end{array}
\xrightarrow{\text{H-Ion}}
\begin{array}{cc} Ar & R \\ N\cdot N, \\ X & H \end{array}
$$

wird man wohl die Bildung eines in gewissen Fällen auch existenzfähigen, meist aber hypothetischen Zwischenproduktes $\begin{smallmatrix} Ar \\ X \end{smallmatrix}\!\!>\!\!N\!-\!N\!\!<\!\!\begin{smallmatrix} R \\ H \end{smallmatrix}$ anzunehmen haben, das unter spontanem Zerfall, je nachdem durch Basen XH oder durch Säuren RH abgespalten wird, entweder Diazonium- oder Syndiazoverbindungen liefert (vgl. S. 42 u. 63)

---

[1]) **Bamberger**, Ber. **30**, 366 (1897); vergl. Ber. **53**, 2313 (1920).

Die Umlagerungen von Diazoniumsalzen in Syndiazokörper
sind aber meist nur bei großem Überschuß des umlagernden Alkali-
salzes und bei erheblicher Konzentration von Hydroxylion (fast)
total; ohnedem aber, namentlich in wässeriger Lösung, nur partiell,
so daß ein Gleichgewicht zwischen Diazonium- und Syndiazoverbindung gebildet wird. Diese bisweilen ziemlich verwickelten
Verhältnisse werden am einfachsten umgekehrt, d. i. von den Syndiazokörpern aus betrachtet. Wie schon auf S. 42 gezeigt worden
ist, können die Syndiazoverbindungen wegen ihrer Entstehung
„Pseudodiazoniumverbindungen‟ genannt werden, aber auch
wegen ihres Verhaltens, da sie sich wie Pseudobasen und Pseudo-
salze in die Salze der echten Basen zurückverwandeln lassen.
Während diese Rückverwandlung aber bei den Pseudoverbin-
dungen der Kohlenstoffreihe erst durch Säuren, dann aber total
erfolgt, vollzieht sie sich bei denen der Stickstoffreihe, d. i. bei den
Pseudodiazonium = Syndiazokörpern bereits durch Wasser, aber
nur partiell. Das heißt: Die Syndiazokörper zeigen in
wässeriger Lösung (als Pseudodiazoniumverbindungen) Ionisationsisomerie; sie werden (ähnlich vielen Pseudosalzen und Pseudosäuren) durch Übergang in wässerige
Lösung mehr oder minder vollständig in die Ionen der
isomeren echten, im festen Zustande nicht existenzfähigen
Diazoniumverbindungen verwandelt, während sie in
indifferente, nicht wässerige Lösungen unverändert
als Synkörper übergehen. Eine solche wässerige Lösung
ist also ein Gleichgewicht zwischen undissoziierter
Syndiazoverbindung und dissoziierter Diazoniumverbindung; dieselbe kann sehr zweckmäßig eine „normale Diazo-
lösung‟ genannt werden[1]).

1. Die Beziehungen zwischen Syndiazocyaniden und
(dissoziierten) Diazoniumcyaniden

sind am einfachsten und deshalb zuerst zu behandeln. Von den
Anisolderivaten $CH_3O \cdot C_6H_4 \cdot N_2 \cdot CN$ kennt man sogar im festen
Zustand alle 3 Isomeren (Diazoniumcyanid, Syndiazocyanid, Anti-
diazocyanid) — freilich das farblose Diazoniumcyanid nur mit
2 Mol. Wasser und 1 Mol. Blausäure, wodurch es aber gerade vor

---

[1]) Hantzsch, Ber. **33**, **2161** (1900).

Umlagerung in das Syncyanid geschützt wird[1]). Das farbige und in allen organischen Lösungsmitteln farbig lösliche Syncyanid ist auch in der alkoholischen farbigen Lösung fast nur als Nichtelektrolyt, also als unveränderter Azokörper enthalten. Dagegen ist die genügend verdünnte wässerige Lösung (fast) farblos und (fast) ein so vollkommener Elektrolyt wie Kaliumcyanid. Das Syndiazocyanid isomerisiert sich also, aber nur in wässeriger Lösung, als ein „Pseudosalz" zu den Ionen des Diazoniumcyanids, des echten Salzes; bei Entfernung des Wassers tritt natürlich umgekehrt der rückläufige Vorgang auf:

$$
\underset{\substack{\text{Pseudosalz}\\\text{farbig, undissoziiert}}}{\overset{\text{Syndiazocyanid}}{\underset{CN \cdot N}{\overset{CH_3O \cdot C_6H_4 \cdot N}{\|}}}}
\quad \underset{\text{Alkohol, fest}}{\overset{\text{Wasser}}{\rightleftharpoons}} \quad
\underset{\substack{\text{Echtes Salz}\\\text{farblos, dissoziiert.}}}{\overset{\text{Diazoniumcyanid}}{\underset{N}{\overset{CH_3O \cdot C_6H_4 \cdot \overset{\cdot}{N} + CN'}{\|\|\|}}}} {}^2)
$$

Derartige Diazocyanide mit äußerst starker Tendenz zur Ionisationsisomerie bestehen also in Lösung je nach der Natur des Lösungsmittels in 2 isomeren Zuständen. Andere Syncyanide, z. B. Monobromdiazocyanid $BrC_6H_4 \cdot N_2 \cdot CN$, zeigen diese Isomerisationstendenz in geringem Grade, geben also in wässeriger Lösung eine normale „Diazocyanidlösung" als Gleichgewicht beider Zustände:

$$
\overset{Ar \cdot N}{\underset{CN \cdot N}{\|}}
\;\xrightarrow{H_2O}\;
1-x\,\overset{Ar \cdot N}{\underset{CN \cdot N}{\|}} + x\left(\overset{Ar \cdot \overset{\cdot}{N} + CN'}{\underset{N}{\|\|\|}}\right)
$$

Noch andere Cyanide, z. B. das Tribromsyncyanid, sind auch in wässeriger Lösung fast unverändert als solche gelöst, also überhaupt nicht merklich in Diazoniumcyanide dissoziiert. In minimaler Menge müssen jedoch Diazoniumcyanide in allen Lösungen vorhanden sein, selbst wenn sie elektrochemisch ˙nicht mehr nachweisbar sind, da alle Syncyanide, ähnlich dem ebenfalls nur wenig dissoziierten Quecksilberchlorid, dennoch unter allen Umständen mit Silbernitrat reagieren.

Somit sind für die Diazocyanide alle 3 isomeren Zustände nachgewiesen, wie sie die hier entwickelte Theorie der Diazoverbindungen erfordert:

---

[1]) Hantzsch u. Euler, Ber. **34**, 4166 (1901).

[2]) Detailliert würden sich diese Übergänge, ähnlich den Ausführungen auf S. 42, unter Annahme hydratischer Zwischenprodukte formulieren lassen.

Diazoniumcyanide	Syndiazocyanide	Antidiazocyanide
$Ar \cdot N^{\cdot} + CN'$	$Ar \cdot N$	$Ar \cdot N$
N	$CN \cdot \overset{\|}{N}$	$\overset{\|}{N} \cdot CN$

2. Beziehungen zwischen Syndiazosulfonaten und (dissoziierten) Diazoniumsulfiten.

Syndiazosulfonate werden wahrscheinlich ebenfalls eine Tendenz haben, sich in wässeriger Lösung partiell zu den Ionen der Diazoniumsulfite zu isomerisieren, weil sie sehr leicht die Reaktionen der Sulfite zeigen. Doch ist dieser jedenfalls nur untergeordnete Vorgang nicht genauer untersucht. Besonders wichtig sind aber die analogen

3. Beziehungen zwischen Syndiazotaten bzw. Syndiazohydraten und (dissoziierten) Diazoniumhydraten.

Syndiazotate sind in wässeriger Lösung stets, meist sogar weitgehend hydrolytisch gespalten. Die hierdurch primär erzeugten Syndiazohydrate $\genfrac{}{}{0pt}{}{Ar \cdot N}{HO \cdot N}$ bleiben zwar zum Teil bestehen, als diejenigen Anteile, welche die direkte Spaltung in Stickstoff und Phenol erleiden; sie isomerisieren sich aber auch zum Teil zu dissoziierten Diazoniumhydaten, werden dadurch aus dem primären hydrolytischen Gleichgewichte entfernt und deshalb zum Teil nachgebildet. Hierdurch erklärt sich die viel stärker als bei normal hydrolysierten Salzen mit steigender Verdünnung wachsende „abnorme Hydrolyse der Syndiazotate"[1]). Danach besteht in der wässerigen Lösung (qualitativ ausgedrückt) folgendes Gleichgewicht:

$$\genfrac{}{}{0pt}{}{Ar \cdot N}{NaO \cdot N} \; \underset{n\,NaOH}{\overset{n\,H_2O}{\rightleftarrows}} \; NaOH + \left[\genfrac{}{}{0pt}{}{Ar \cdot N}{HO \cdot N} \;\rightarrow\; \genfrac{}{}{0pt}{}{Ar \cdot N^{\cdot} + OH'}{N} \right].$$

Noch deutlicher übersieht man diese Erscheinung umgekehrt: d. i. beim Übergang von Diazoniumsalzen in normale Diazotate durch Alkalien unter Vermittlung von Diazoniumhydrat[2]). Diese Reaktion ist nur in konzentrierter wässeriger Lösung und bei starkem Überschuß von Alkali (fast) vollständig,

---

[1]) Hantzsch u. Davidson, Ber. **31**, 1621 (1898).
[2]) Hantzsch u. Davidson, Ber. **31**, 1612 (1898).

was nicht nur elektrochemisch, sondern auch kalorimetrisch durch Messung der Wärmetönung von Systemen ($C_6H_5N_2OH = nNaOH$) nachgewiesen wurde. Dieser Vorgang bedeutet natürlich eine mit zunehmender Menge der Hydroxylionen fortschreitende Umlagerung des Diazoniumhydrats zu Syndiazohydrat. Deshalb fungiert Diazoniumhydrat, trotzdem es eine starke Base ist, doch gleichzeitig als eine „Pseudosäure". Diese Verhältnisse werfen auch Licht auf den Zustand einer normalen Diazohydratlösung, die z. B. in Systemen $ArN_2Cl + NaOH = NaCl + ArN_2OH$ vorliegt. Deren dissoziierter Anteil ist unzweifelhaft Diazoniumhydrat, der undissoziierte Anteil wird aber, da solche undissoziierte Ammoniumhydrate, die sich intramolekular zersetzen oder umlagern können, nicht bekannt sind (S. 41), schwerlich undissoziiertes, sondern vielmehr isomerisiertes Diazoniumhydrat sein, also Syndiazohydrat darstellen; wobei entsprechend den Darlegungen auf S. 42 ein hydratisches Verbindungsglied

$$\begin{matrix} Ar \\ HO \end{matrix} \Big\rangle N - N \Big\langle \begin{matrix} OH \\ H \end{matrix}$$

zwischen beiden angenommen werden kann, das in der Schwefelreihe (S. 63) wirklich existiert. Man bekommt daher etwa folgendes Bild für eine normale Diazohydratlösung:

$$\begin{array}{ccc} \underset{\text{Diazoniumhydrat}}{Ar \cdot \overset{\cdot}{\underset{\parallel}{N}} + OH'} & \to & \left[\begin{array}{c} Ar \cdot N \cdot OH \\ HO \cdot \overset{|}{N} \cdot H \end{array}\right] \quad \leftarrow \quad \underset{\text{Syndiazohydrat}}{Ar \cdot \overset{\parallel}{N}} \\ & & HO \cdot N \end{array}$$

deren Zustand durch Säuren einseitig zugunsten des Diazoniumtypus, durch (überschüssige) Alkalien einseitig zugunsten des Syndiazotypus verschoben wird.

Ein solcher Zustand stellt übrigens kein Unikum dar; im Gegenteil hat man bekanntlich für wässerige Ammoniak- und Aminlösungen ganz ähnliche Gleichgewichte anzunehmen, wobei das Zwischenglied, das undissoziierte Ammoniumhydrat ebenfalls nicht isolierbar ist.

$$H_4N\cdot + OH' \rightleftarrows [NH_4 \cdot OH] \rightleftarrows NH_3, H_2O\,.$$

4. Beziehungen zwischen Syndiazohaloiden und Diazoniumhaloiden.

Feste Diazobromide, Jodide und Rhodanide kann man als feste Gleichgewichte von Diazoniumhaloiden und

Syndiazohaloiden[1]) ansehen auf Grund folgender Tatsachen:
Alle Diazobromide, Jodide und Rhodanide, welchen farblose
Diazoniumionen und farblose Sauerstoffsalze sowie auch farblose
Diazochloride zugehören, sind in festem Zustande farbig; ferner
steigt mit zunehmender Intensität der Farbe auch die Explosibili-
tät; beide sind wiederum von der Natur des Benzolrestes, vor
allem aber von der Natur des Halogens abhängig gemäß folgender
Skala:

Diazochloride	Diazobromide	Diazorhodanide	Diazojodide
farblos	schwach farbig	stark farbig	intensiv farbig
kaum explosiv	wenig explosiv	sehr explosiv	äußerst explosiv

Da nun Diazoniumsalze zusammengesetzte Ammoniumsalze
sind und sämtliche Alkali- und Ammoniumhaloide farblos sind,
so kann die Körperfarbe oben erwähnter Diazohaloide schwerlich
den Diazoniumhaloiden zukommen. Da aber andererseits Syndiazohaloide $Ar \cdot N : N \cdot X$ als Analoga der farbigen Syndiazocyanide $Ar \cdot N : N \cdot CN$ farbig, zugleich aber auch als Verbindungen vom Typus des Jodstickstoffs explosiv sein werden, so
ist das Auftreten bzw. die gleichzeitige Zunahme der Farbe und
Explosibilität in obiger Reihe ungezwungen nur durch die Annahme zu deuten, daß dieselbe ein festes Gleichgewicht von farblosem Diazoniumhaloid und farbigem Syndiazohaloid

$$\left[\begin{array}{ccc} Ar \cdot N \cdot (Br, SCN, J) & & Ar \cdot N \\ \parallel & \overset{\rightarrow}{\underset{\leftarrow}{}} & \parallel \\ N & & (Br, SCN, J) \cdot N \end{array} \right]$$

darstellt, welches bei den Bromiden am wenigsten, bei den Jodiden
am meisten zugunsten des Syndiazotypus verschoben ist, und das
bei den Chloriden (fast) vollständig in den Diazoniumtypus,
andererseits bei den Cyaniden (fast) vollständig in den Syndiazotypus übergeht. In der farblosen wässerigen Lösung ist natürlich
das Syndiazohaloid (analog wie z. B. Anisolsyndiazocyanid) vollkommen zu Diazoniumhaloid isomerisiert.

Auch die farbigen, äußerst unbeständigen Doppelverbindungen
von Diazohaloiden mit Cuprohaloiden, z. B. $C_6H_5N_2Br, Cu_2Br_2$,
dürften analog wie die farbigen Diazohaloide aufzufassen sein.

---

[1]) Hantzsch, Ber. **33**, 2179 (1900).

b) Die Beziehungen zwischen Syn- und Antidiazoverbindungen

sind größtenteils schon in ihrer auf S. 35—44 gegebenen Charakterisierung enthalten. Hinzuzufügen ist nur, daß, so leicht sich im allgemeinen Synkörper zu Antikörpern isomerisieren, doch gewisse Synkörper so beständig sind, daß sie sich kaum um-lagern lassen. In solchem Falle können deren Benzolsulfin-säure-Additionsprodukte $Ar \cdot N(SO_2C_6H_5) \cdot NH \cdot R$ (s. S. 29) die Umlagerung vermitteln, da diese bei der Wiederabspaltung der Benzolsulfinsäure durch Alkalien die Antiderivate liefern. Die Rückverwandlung von Anti in Syn ist direkt ebensowenig möglich als die direkte Rückverwandlung von Cis- in Trans-Äthylenkörper. Indirekte Rückverwandlungen der Antidiazotate in Syndiazotate werden durch die auf S. 46 näher erläuterte Zersetzung der Nitrososäureanilide vermittelt:

$$
\begin{array}{ccccc}
\text{Antidiazotat} & & \text{Acylnitrosamin} & & \text{Syndiazotat} \\
Ar \cdot N & & Ar \cdot N \cdot COCH_3 & & Ar \cdot N \\
\| & \rightarrow & | & \rightarrow & \| \\
N \cdot OK & & NO & & KO \cdot N
\end{array}
$$

sowie natürlich auch durch die Diazoniumsalze, vermittelst deren ein vollkommener Kreislauf innerhalb der 3 Gruppen der Diazo-körper folgendermaßen möglich ist:

$$
\begin{array}{ccc}
& Ar \cdot N \cdot Cl & \\
\text{NaOH} \nearrow & \| & \nwarrow \text{HCl} \\
& N & \\
Ar \cdot N & \xrightarrow{\text{Drehung}} & Ar \cdot N \\
\| & & \| \\
NaO \cdot N & & N \cdot ONa
\end{array}
$$

c) Einfluß der Kohlenwasserstoffradikale (Ar) auf die Konstitution und Konfiguration der Diazokörper.

Daß in Diazokörpern ArN_2X die Natur des mit der Diazogruppe verbundenen Radikals X von größtem, bestimmendem Einfluß auf die Konstitution des Diazokomplexes ist, davon handeln indirekt die meisten vorangehenden Abschnitte. Viel geringer, aber immer noch deutlich wahrnehmbar, ist der Einfluß von Substituenten im Benzolrest.

1. Die Beziehungen zwischen Diazonium- und Syn-diazokörpern folgen der Regel: Je positiver der Benzolrest (durch Einführung von Alkylen) wird, um so mehr wird der Diazo-niumtypus begünstigt; je negativer der Benzolrest (durch Ein-

führung von Halogenen) wird, um so mehr wird der Syndiazotypus begünstigt[1]). Am schärfsten zeigt sich dies durch Vergleich der Trimethyl- und der Tribromdiazoverbindungen $(CH_3)_3C_6H_2 \cdot N_2 \cdot X$ und $Br_3C_6H_2 \cdot N_2 \cdot X$. So ist z. B. das Trimethyldiazobromid $(CH_3)_3C_6H_2 \cdot N_2 \cdot Br$ kaum explosiv und sehr wenig farbig, das Tribromdiazobromid $Br_3C_6H_2 \cdot N_2 \cdot Br$ äußerst explosiv und intensiv farbig; ersteres ist also eine feste Lösung mit sehr wenig, letzteres eine solche mit sehr viel Syndiazohaloid. So wird das Syncyanid $(CH_3)_3C_6H_2 \cdot N_2 \cdot CN$ in wässeriger Lösung fast total, das Syncyanid $Br_3C_6H_2 \cdot N_2 \cdot CN$ fast gar nicht zu Diazoniumcyanid-Ionen isomerisiert. So ist das Hydrat $(CH_3)_3C_6H_2 \cdot N_2OH$ in wässeriger Lösung fast so stark wie die Alkalien, enthält also fast nur ionisiertes Diazoniumhydrat, das Hydrat $Br_3C_6H_2 \cdot N_2OH$ ist dagegen äußerst schwach und instabil und geht unter Bromwasserstoffabspaltung in Bibrom-chinon-diazid über (s. S. 61).

Zwischen diesen extremsten Gliedern schieben sich einerseits die alkylärmeren, andererseits die halogenärmeren Diazokörper als Verbindungsglieder ein: Mit abnehmender Zahl der Alkyle und zunehmender Zahl der Halogenatome werden die Diazoniumbasen immer schwächer, während umgekehrt die Syndiazokörper immer geringere Tendenz zur Ionisationsisomerie zeigen. Bemerkenswert ist hierbei nur, daß auch die Methoxylgruppe stark positiv wirkt: die Diazoverbindungen des Anisols verhalten sich wie die der Trimethylbenzole.

2. Die Beziehungen zwischen Syndiazokörpern und Antidiazokörpern werden durch die Substituenten im Benzolrest zwar auch beeinflußt, jedoch weniger regelmäßig; vor allem im Sinne einer Veränderung der Isomerisationsgeschwindigkeit, und zwar bei den Diazotaten so, daß Methylgruppen dieselbe hemmen, Halogenatome sie beschleunigen. Hierfür seien einige Beispiele angeführt: Die Isomerisation zu Antidiazotat ist beim Trimethyl- und Anisoldiazotat $(CH_3)_3C_6H_2 \cdot N_2OK$ und $CH_3O \cdot C_6H_4 \cdot N_2OK$ sehr schwierig zu bewerkstelligen, sie erfolgt beim gewöhnlichen Syndiazotat $C_6H_5 \cdot N_2OK$ rasch erst über 100°, beim p-Bromderivat $BrC_6H_4 \cdot N_2OK$ schon beim Kochen, beim Syndiazotat $SO_3K \cdot C_6H_4 \cdot N_2 \cdot OK$ bereits, obgleich langsam, bei gewöhnlicher Temperatur und bei dem p-Nitrodiazotat $NO_2C_6H_4$

---

[1]) Hiermit geht die Kupplungsfähigkeit parallel; vgl. K. H. Meyer, Irschick u. Schlösser, Ber. **47**, 1741 (1914); siehe weiter S. 74.

N_2OK anscheinend momentan, so daß das betreffende Synsalz gar nicht isolierbar ist.

Bei den stereoisomeren Diazosulfonaten[1]) liegen diese Verhältnisse meist umgekehrt; gerade die alkylierten Synsulfonate isomerisieren sich noch rascher als das bereits äußerst labile, meist spontan explodierende, gewöhnliche Synsalz $C_6H_5N_2 \cdot SO_3K$; während im Gegenteil para- und noch mehr orthohalogenisierte Sulfonate der Synreihe relativ stabil sind.

Auch bei Diazocyaniden[2]) wirken die Halogene in o- und p-Stellung stabilisierend auf die Synkonfiguration, so daß z. B. das Tribromsyndiazocyanid nur äußerst schwierig zum Anticyanid isomerisiert werden kann. Auffallend ist, daß die einfachsten Diazocyanide $C_6H_5N_2 \cdot CN$ nicht isolierbar zu sein scheinen.

Die Nitrogruppe beschleunigt in allen 3 Reihen der Synkörper alle Umlagerungen des Diazokomplexes außerordentlich.

3. Die Beziehungen zwischen Antidiazohydraten und primären Nitrosaminen scheinen in dem Sinne beeinflußt zu werden, daß negative Substituenten im Benzolrest (Halogen, NO_2) die Umwandlung in Nitrosamin begünstigen.

So ist das p-Nitrophenylnitrosamin $NO_2C_6H_4 \cdot NH \cdot NO$ der beständigste Repräsentant dieser Gruppe. Dasselbe wird aus dem Antidiazohydrat schon durch Auflösen in Chloroform oder Benzol erhalten. Von dem früher als besonders beständig angesehenen „Tribromphenylnitrosamin" hat sich herausgestellt, daß es überhaupt kein Nitrosamin ist[3]), sondern Bibrom-chinon-diazid (s. S. 61).

V. Diazokörper ohne Stereoisomerie.

Weitaus die Mehrzahl aller Diazokörper ist nur in einer einzigen Form bekannt; selbst in den 3 stereoisomeren Gruppen der Diazotate, Diazosulfonate und Diazocyanide fehlt bisweilen die eine isomere Form, und zwar meist die der Synreihe, die alsdann wegen allzu großer Isomerisationsgeschwindigkeit nicht fixiert und nur manchmal noch vorübergehend nachgewiesen werden kann.

Doch ist auch in einigen Fällen die einzig bekannte Form ein

[1]) Hantzsch u. Schmiedel, Ber. 27, 3530 u. 3071 (1894).

[2]) Hantzsch u. Danziger, Ber. 30, 2529 (1897).

[3]) Bamberger u. Kraus, Vierteljahrsschrift der Züricher Naturf. Ges. 24, 257 (1899); Orton, I. Chem. Soc. 83, 797 (1903); 87, 99 (1905); 91, 1559 (1907); Hantzsch, Ber. 36, 2072 (1903); Bamberger, Ber. 39, 4248 (1906).

Syndiazokörper, wohl deshalb, weil derselbe leichter intramolekular zersetzt als isomerisiert wird. Dies gilt z. B. für die Naphthalindiazosulfonate $C_{10}H_7 \cdot N_2 \cdot SO_3K$ und das Pseudocumoldiazocyanid $(CH_3)_3C_6H_2 \cdot N_2 \cdot CN$, da diese nur in einer Form bekannten Verbindungen alle Eigenschaften der Synkörper aufweisen.

Bei den zahlreichen übrigen Gruppen der Diazokörper (siehe die Zusammenstellung auf S. 2 hat sich bisher nie Isomerie nachweisen lassen. Ihren Eigenschaften nach gehören dieselben, anscheinend nur mit Ausnahme der Diazooxyde, ausschließlich der stabilen Antireihe an. Ihrer Bildung aus Diazoniumsalzen wird wohl die Bildung eines Syndiazokörpers vorangehen, der sich jedoch sofort isomerisiert:

$$
\begin{array}{ccccc}
\text{Ar} & \text{R} & \left[\text{Ar} \;\; \text{R}\right]^{-} & & \text{Ar} \\
| & | & \left[\;|\;\;\;\;|\;\right] & & | \\
\text{N}\!\equiv\!\text{N} + \;| & = & \left[\text{N}\!=\!\text{N}\right] & \rightarrow & \text{N}\!=\!\text{N} \\
| & | & & & | \\
\text{X} & \text{H(Me)} & \text{X} - \text{H(Me)} & & \text{R}
\end{array}
$$

a) Sauerstoffverbindungen der Diazokörper.

Diazooxyde (Diazo-anhydride) $Ar \cdot N_2 \cdot O \cdot N_2 \cdot Ar$.

Diese von Bamberger[1]) entdeckten Verbindungen bilden sich aus Diazoniumsalzen und Syndiazotaten, namentlich aus den p-Chlor- und p-Bromderivaten im Momente des Freiwerdens der Diazohydrate durch spontane Anhydridbildung als kaum lösliche, höchst explosible, gelbliche Pulver, die durch Säuren langsam Diazoniumsalze, durch Alkalien langsam Syndiazotate zurückbilden und mit Alkohol in Diazoäther übergehen. Sie wurden von Bamberger ursprünglich für Diazoniumoxyde (1), dann für Diazoniumdiazotate (2), von Hantzsch für Diazooxyde (3) gehalten:

$$
\begin{array}{ccc}
(1) & (2) & (3)
\end{array}
$$

$$
\begin{array}{ccc}
\underset{\overset{\shortmid\shortmid\shortmid}{N}}{Ar \cdot N} \cdot O \cdot \underset{\overset{\shortmid}{N}}{N} \cdot Ar & Ar \cdot N \cdot O \cdot \underset{\overset{\shortmid\shortmid\shortmid}{N}}{N} : N \cdot Ar & Ar \cdot N : N \cdot O \cdot N : N \cdot Ar .
\end{array}
$$

Gegen die Diazoniumformel (1) spricht, daß so starke und so wasserlösliche Ammonhydrate, wie die Diazoniumhydrate, sich nie in wässeriger Lösung zu Ammoniumoxyden anhydrisieren, und daß derartige Ammoniumoxyde, wenn sie existieren, schon durch schwache Säuren wie Essigsäure sofort zu Diazoniumsalzen gelöst werden sollten. Die Salzformel (2) wird ganz ähnlich dadurch ausgeschlossen, daß, da Syndiazohydrat eine äußerst schwache

---

[1]) Ber. **29**, 451 (1896); vergl. Ber. **53**, 2314 (1920).

Säure ist, auch ein Diazoniumdiazotat, durch Säuren sofort zersetzt werden müßte. Die chemische Indifferenz der Oxyde spricht vielmehr für die Diazooxydformel (3). Daß die Diazooxyde der Synreihe zuzuschreiben sind, geht daraus hervor, daß sie durch Blausäure fast momentan in Syndiazocyanide und durch Kaliumsulfit in Syndiazosulfonate übergehen[1]). Auch ihre enorme Explosibilität spricht dafür. Neuerdings bringt B a m b e r g e r[2]) für die Diazooxyde (Diazo-anhydride) die Formel eines monohexacyklischen Anhydrids $C_6H_4 : N_2$ in Vorschlag. Er zieht dabei in Erwägung, daß die Analysenresultate dieser explosiblen Verbindungen noch keine genügende Sicherheit für ihre Zusammensetzung gebracht haben, und daß ferner die Diazo-anhydride auch durch Verseifung von Nitroso-acetaniliden erhalten werden können

$$C_6H_5 \cdot N(COCH_3) \cdot NO \quad \rightarrow \quad C_6H_5 \cdot N_2 \cdot OH \quad \xrightarrow{-H_2O} \quad C_6H_4 : N_2 ,$$

ein Vorgang, der in Parallele gesetzt werden kann zu der Bildung von Diazomethan $CH_2 : N_2$ durch Verseifung des Nitroso-methylurethans (s. S. 86):

$$CH_3 \cdot N(COOCH_3) \cdot NO \quad \rightarrow \quad CH_3 \cdot N_2 \cdot OH \quad \xrightarrow{-H_2O} \quad CH_2 : N_2 .$$

Die Verbindung $C_6H_4 : N_2$ (Phenylen-diazid) würde gewissermaßen das G r i e ß sche Diazobenzol (s. Historisches S. 4) repräsentieren, jedoch nicht in der alten Formulierung (I), sondern als eine Verbindung mit zweiwertigem Kohlenstoffatom (II oder III):

I.   II.   III.

Die Diazo-anhydride würden so in Beziehung stehen zu den Chinondiaziden (s. u.). Zur Klärung dieser Frage muß aber noch weiteres experimentelles Material abgewartet werden.

$$\text{D i a z o ä t h e r} \quad \begin{matrix} Ar \cdot N \\ N \cdot O \cdot C_nH_{2n+1} \end{matrix}$$

sind zweifellos Antikörper. v. P e c h m a n n[3]) gelang es, den ersten Vertreter dieser Körperklasse in Form des Nitroesters $NO_2 \cdot C_6H_4$

[1]) H a n t z s c h, Ber. **31**, 637 (1898).
[2]) Ber. **53**, 2316 ff. (1920).
[3]) Ber. **27**, 672 (1894).

· N_2 · OCH_3 darzustellen. Die Diazoester bilden sich aus Silber-diazotaten und Jodalkylen[1]), aber relativ _glatt nur aus Anti-silbersalzen, dagegen nur in minimalen Mengen aus Synsilber-salzen (die wahrscheinlich bereits etwas Antisilbersalz enthalten). Diese sehr zersetzlichen, meist explosiven und stets leicht kup-pelnden Verbindungen wurden anfags für normale Ester gehalten. Hantzsch sprach sie als Antiester an. Es gelang ihm und Wechsler[2]) dann auch nachzuweisen, daß die Diazoester bei der Versei-fung Antidiazotate liefern; spätere Kontrollversuche[3]), welche zeigten, daß die Verseifungsprodukte mit alkalischer Zinnoxydul-salzlösung keinen Stickstoff entwickelten (s. S. 38), bestätigten dieses Resultat. — Das Kupplungsvermögen der bei der gewöhn-lichen Verseifung erhaltenen Lösung, beruht nicht auf gebildeten Syndiazotaten, sondern, wie Hantzsch[4]) nachgewiesen hat, auf einer den Diazoestern eigentümlichen andersartigen Zersetzungs-reaktion, nämlich auf einem hydrolytischen Zerfall in Anilinbase und Salpetrigsäureester:

$$\begin{array}{ccc} \text{Ar} \cdot \text{N} & & \text{Ar} \cdot \text{NH}_2 \\ \| & \rightarrow & \\ \text{N} \cdot \text{OCH}_3 & & \text{O} = \text{N} \cdot \text{OCH}_3 \end{array}$$

Aus diesen Spaltstücken kann sekundär Diazoniumnitrit und Normal-(syn-)diazotat entstehen, d. h. erst hierdurch erhält die Lösung die Fähigkeit, zu Azofarbstoffen zu kuppeln. So spricht Bildung und Zersetzung der Diazoäther für ihre Auffassung als Antikörper.

Die Bildung von Diazoäthern aus einer Normaldiazotatlösung durch Alkohol, eine an sich auffallende Ätherifikation, findet ihr Analogon darin, daß alle leicht umwandelbaren Ammonbasen sowie auch die aus ihnen gebildeten Pseudobasen selbst (z. B. Methylphenylacridol[5]) sehr leicht direkt mit Alkoholen Äther bilden. Daß hierbei gerade die Syndiazotate nicht in Synäther,

---

[1]) Bamberger, Ber. **28**, 225 (1895).

[2]) Ann. **325**, 227 (1902).

[3]) Hantzsch u. Vock, Ber. **36**, 2069 (1903).

[4]) Ber. **36**, 3097 (1903). Vgl. Euler, Ber. **36**, 2503, 3835, 3837 (1903); Hantzsch, Ber. **36**, 4361 (1903); **37**, 3030 (1904).

[5]) Hantzsch u. Kalb, Ber. **32**, 3127 (1899).

sondern in Antiäther übergehen, ist erklärlich, da Syndiazotate
in alkoholischer Lösung sehr rasch in Antidiazotate übergehen[1]).

---

[1]) Anmerkung: Hier sei erganzenderweise noch die von Bamberger
[Ch. Z. **16**, 185 (1892)] und Hinsberg [Ber. **25**, 1092 (1892)] gleichzeitig entdeckte und von Bamberger [B. u. Storch, Ber. **26**, 477, B. u. Landsteiner,
Ber. **26**, 485 (1893)] genauer untersuchte Diazobenzolsäure (Phenylnitramin)
$C_6H_5 \cdot NH \cdot NO_2$ erwähnt. Die Verbindung gehört eigentlich nicht zu den Diazoverbindungen, sondern ist als Phenylamid der Salpetersäure zu den Nitraminen
zu rechnen. Bamberger stellte die Formel $C_6H_5 \cdot NH \cdot NO_2$ auf [Ber. **26**, 495
(1893), **27**, 2601 (1894)], die Hantzsch anfangs bestritt [Ber. **27**, 1729 (1894); **31**,
179 (1898); **32**, 1722 (1899)], die er aber später ebenfalls anerkannte [Ber. **35**, 258,
266 (1902)]. Die Substanz ist tautomer [Bamberger, Ber. **26**, 495 (1893)]

$$C_6H_5 \cdot NH-\underset{\overset{\|}{O}}{N}=O \;\underset{\longrightarrow}{\leftharpoondown}\; C_6H_5 \cdot \underset{\overset{\|}{O}}{N}=N-OH \;.$$ Isomere N - und O - Ester sind darge-

stellt. Die Salze leiten sich von der Hydroxylform ab. Orton [J. Chem. Soc. **81**,
965 (1902)] hat beim 2-4-Dibrom-6-nitro-phenylnitramin die Isomerie auch bei den
freien Sauren dargetan.

Das Phenylnitramin ist von Bamberger durch Oxydation von Diazotaten,
hauptsächlich von Antidiazotaten erhalten: $\quad C_6H_5N:N \cdot OK \;\rightarrow\; C_6H_5 \cdot \underset{\overset{\cdot\cdot}{O}}{N}:N \cdot OK.$

Isomer mit den Phenylnitraminen, aber nicht tautomer sind die Nitroso-phenyl-
hydroxylamine $\quad C_6H_5-\underset{\overset{|}{OH}}{N}-N=O\;,\quad$ welche ihrerseits vielleicht wieder tautomer
mit der Form $\quad C_6H_5-\underset{\overset{\|}{O}}{N}=N-OH\quad$ sind. Interessanterweise entstehen diese Sub-
stanzen ebenfalls bei der Oxydation, unter bestimmten Bedingungen sogar vor-
wiegend aus Syndiazotatlösungen [Bamberger u. Bandisch, Ber. **42**, 3568
(1909); **45**, 2054 1912)]. Die Oxydation der Diazotate entspricht so ganz der
Oxydation der Oxime, worauf Bamberger hinweist [Ber. **45**, 2055, Anm. 1 (1912)]:

$$C_6H_5 \cdot N:N \cdot ONa \;\Big\langle\; \begin{array}{l} C_6H_5 \cdot \underset{\overset{\cdot\cdot}{O}}{N}:N \cdot ONa \\[1.2em] C_6H_5 \cdot \underset{\overset{\cdot\cdot}{O}}{N}:N \cdot ONa \end{array}$$

$$C_6H_5 \cdot CH:N \cdot OH \;\Big\langle\; \begin{array}{l} C_6H_5 \cdot \underset{\overset{\cdot\cdot}{O}}{CH}:N \cdot OH \\[1.2em] C_6H_5 \cdot \underset{\overset{\cdot}{OH}}{C}:N \cdot OH \end{array}$$

Dies ist wieder ein bedeutender Hinweis dafür, daß die Stereoisomerie der Diazotate ganz der Stereoisomerie der Oxime entspricht. Die Diazotate $C_6H_5N : NOH$
erscheinen eben als stereoisomere Oxime des Nitrosobenzols.

Durch vorsichtige Reduktion wurden aus Phenylnitramin sowohl [Bamberger,
Ber. **27**, 1181 (1894)] wie aus Nitrosophenylhydroxylaminen [Bamberger, Ber. **31**,
582 (1898)] die Diazotate zurückgewonnen, und zwar in Form von Antidiazotaten.

Über die Nitramine vgl. Backer, Die Nitramine und ihre Isomeren (Sammlung
Ahrens), Stuttgart 1912.

Sogenannte Diazophenole oder Chinondiazide $O : C_6H_4 : N_2$.

Die aus den Diazophenolsalzen oder Oxyphenyldiazonium-salzen durch Basen unter Anhydrisierung entstehenden freien Diazophenole

$$HO \cdot C_6H_4 \cdot N_2 \cdot Cl + KOH = KCl + H_2O + O : C_6H_4 : N_2$$

welche, nebenbei bemerkt, die ersten Vertreter der von Griess[1]) entdeckten aromatischen Diazoverbindungen sind, wurden früher fast allgemein für ringförmige Diazoanhydride (1), von Bam-berger[2]) und von Hantzsch[3]) für innere Diazoniumanhydride (2) gehalten; sie sind jedoch nach einer von L. Wolff[4]) zuerst öffentlich begründeten Ansicht innere Anhydride vom Chinontypus (3) oder „Chinondiazide":

(1)   (2)   (3)

also Chinone, in denen ein Sauerstoffatom durch die Diazogruppe ersetzt ist. Ihre Bildung aus den Diazophenolsalzen ist bereits auf S. 40 behandelt. Gegen Formel (1) spricht erstens die völlige Verschiedenheit der Diazophenole von den später zu besprechenden Anhydriden des Orthothiodiazophenols, welche als indifferente, farblose Verbindungen einen Fünfring vom Typus (1) enthalten müssen; zweitens, daß nicht nur Ortho-, sondern auch Paradiazo-phenole existieren; gegen Formel (2) spricht das völlige Fehlen des Salzcharakters; für Formel (3) spricht, daß die Diazophenole, was namentlich an dem einfachsten, halogenfreien p-Diazophenol hervortritt, gleich dem Diazomethan und dem Chinon, farbige und wasserlösliche Stoffe sind, die auch, gleich manchen Chinonen, Krystallwasser zu binden vermögen. Letztere Eigenschaft hat Vidal[5]) veranlaßt, diese Substanzen als Hydrazinderivate auf-zufassen, $O : C_6H_4 : N \cdot NH \cdot OH$, dem der chemische Charakter der Verbindungen aber nicht entspricht. Chemisch verhalten sich die

---

[1]) Ann. **113**, 201 (1890).
[2]) Ber. **28**, 837, Anm. (1895).
[3]) Hantzsch u. Davidson, Ber. **29**, 1522 (1896).
[4]) Ann. **312**, 126 (1900).
[5]) Z. f. Farben- und Textilchemie **4**, 481 (1905); C. C. 1905 II 1422.

Chinondiazide wie echte Diazokörper, gehen also z. B. in Oxy-
diazosulfonate und Oxydiazocyanide über:

$$O: C_6H_4: N_2 \qquad \rightarrow \qquad HO \cdot C_6H_4 \cdot N: N \cdot (SO_3K\,,\ CN)\ .$$
$$H\text{————}(SO_3K\,,\ CN)$$

Verwandt den sogenannten Diazophenolen (Chinondiaziden)
ist das Phenylimidochinondiazid:

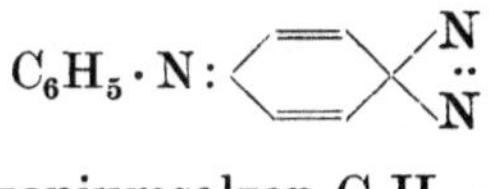

$$C_6H_5 \cdot N: \left\langle \!=\! \right\rangle\!\!\times\!\!\begin{matrix}N\\ \ddot{\ }\\ N\end{matrix}$$

das sich aus Anilidodiazoniumsalzen $C_6H_5 \cdot NH \cdot C_6H_4 \cdot N_2Cl$ durch
Basen ganz analog wie die Chinondiazide aus Oxydiazoniumsalzen
bildet[1]).

Substituierte Diazophenole bilden sich eigentümlicherweise
besonders leicht aus Diazoniumsalzen, bei denen das zugrunde
liegende Amin mehrere negative Substituenten trägt. Die Tendenz
zu ihrer Bildung ist so groß, daß ein Ortho- oder Parasubstituent
(Cl, Br oder NO_2) vom Kern abgelöst wird und durch OH bzw.
durch O ersetzt wird[2]). So gehen die Diazoniumsalze des Tribrom-
anilins in Dibrom-chinon-diazid über:

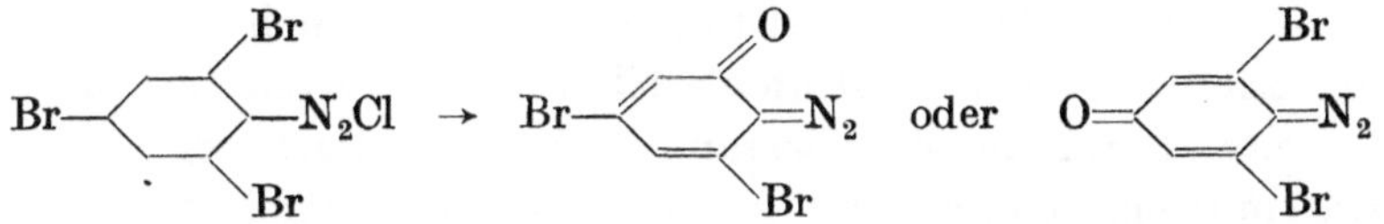

und ähnlich die Diazoniumsalze des Trinitroanisidins in Dinitro-
chinon-diazid (Meldola):

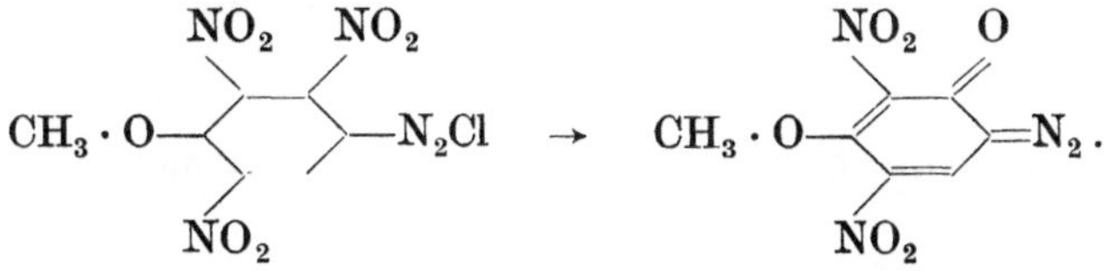

Die Reaktion verläuft häufig schon glatt beim Eintragen des
Diazoniumsalzes in Natriumbicarbonat- oder Natriumacetatlösung;

---

[1]) Hantzsch, Ber. **35**, 888 (1902).

[2]) Silberstein, Journ. pr. Chem. **27**, 98 (1883); Bamberger u. Kraus,
Vierteljahrsschrift der Züricher Naturf. Ges. **24**, 257 (1899); Bamberger, Ber.
39, 4248 (1906); Orton, Proceedings **19**, 161 (1903), Journ. Chem. Soc. **83**, 797
(1903), **87**, 99 (1905), **91**, 1559 (1907); Noelting u. Battegay, Ber. **39**, 79 (1906);
Meldola u. Eyre, Proceedings **17**, 131, J. Chem. Soc. **79**, 1076 (1901); Meldola
u. Hay, J. Chem. Soc. **95**, 1378 (1909); Meldola u. Reverdin, J. Chem. Soc.
97, 1204 (1910).

Bedingung ist aber, daß stets mehrere negative Substituenten am Benzolkern vorhanden sind. Noelting und Battegay wiesen bei chlorierten Sulfanilsäuren nach, daß bei der Trichlorverbindung die Ablösung eines Chloratoms sehr leicht vor sich geht, bei der Dichlorverbindung schon schwieriger und bei der Monochlorverbindung nur in geringem Maße. Klemenc[1] konnte zeigen, daß unter besonderen Bedingungen (Erwärmen des Diazoniumsalzes mit Essigsäureanhydrid auf 80°) auch ein diazotierter Aminophenoläther unter Abspaltung der Äthergruppe in ein Diazophenol übergeht:

$$CH_3 \cdot O \cdot \langle\ \rangle - N_2Cl \quad\rightarrow\quad O = \langle\ \rangle = N_2 + CH_3Cl$$
$$\quad\quad\quad NO_2 \quad\quad\quad\quad\quad\quad NO_2$$

Klemenc schloß allerdings aus dieser Reaktion, daß das Reaktionsprodukt kein Chinondiazid, sondern ein inneres Diazoniumsalz (Formel 2, S. 60) sein müsse. Morgan und seine Mitarbeiter[2] wiesen aber erneut mit Recht darauf hin, daß die Farbigkeit und Beständigkeit mit dieser Salzformel nicht verträglich seien. Außerdem brachten sie durch neue experimentelle Belege den Nachweis, daß m-Diazophenole nicht existieren. Beim Versuch, sie zu isolieren, tritt immer Stickstoffentwicklung ein, während in der Ortho- und Pararreihe sich beständige Verbindungen ergeben.

Die optische Untersuchung schließlich von Hantzsch und Lifschitz[3] zeigte, daß die Absorptionskurve des Diazophenols eine typische Ähnlichkeit mit der des Diazoessigesters aufweist, so daß die Chinon-diazid-Formel den Tatsachen am meisten Rechnung trägt.

b) Schwefelverbindungen der Diazokörper.

$$\text{Thiodiazoäther} \quad \begin{array}{c} Ar \cdot N \\ \ddot{} \\ N \cdot SR \end{array}$$

Von denselben entstehen besonders leicht die Thiophenyläther $Ar \cdot N : N \cdot SC_6H_5$ aus Diazoniumsalzen und Natriumthiophenolaten. Sie sind im Gegensatz zu den unbeständigen Diazophenyläthern $Ar \cdot N : N \cdot OC_6H_5$ relativ stabil und werden durch Alkalien

---

[1] Ber. **47**, 1407 (1914).

[2] Morgan u. Porter, Journ. Chem. Soc. **107**, 645 (1915); Morgan u. Tomlins, Journ. Chem. Soc. **111**, 497 (1917).

[3] Ber. **45**, 3023 (1912).

kaum, durch Säuren leichter gespalten[1]). Aus p-Nitrodiazonium-salzen[2]) entsteht durch Schwefelwasserstoff ein Disulfid $Ar \cdot N : N \cdot S_2 \cdot N : N \cdot Ar$, sowie ein Schwefelwasserstoff-Additionsprodukt eines Diazosulfhydrats $Ar \cdot N_2SH, SH_2$. Auch aus Oxydiazonium-(diazophenol)salzen entstehen ähnliche Produkte[3]). Diese Schwe-felwasserstoff-Additionsprodukte sind monomolekular, also einheit-liche Verbindungen von der Formel $\begin{matrix} Ar \\ HS \end{matrix} \!\! > \!\! N - N \!\! < \!\! \begin{matrix} SH \\ H \end{matrix}$ und bean-spruchen als die schwefelhaltigen Analoga des hypothetischen Ver-bindungsgliedes zwischen Diazoniumhydrat und Syndiazohydrat ein besonderes Interesse (s. S. 51).

$$\text{Diazosulfone} \qquad \begin{matrix} Ar \cdot N \\ \ddots \\ N \cdot SO_2R, \end{matrix}$$

aus Diazoniumsalzen und sulfinsauren Salzen entstehend[4]):

$$ArN_2 \cdot Cl + NaSO_2C_6H_5 \;=\; NaCl + ArN_2 \cdot SO_2C_6H_5$$

und deswegen lange Zeit als „sulfinsaure Diazobenzolsalze'' be-zeichnet, sind keine Salze, sondern indifferente, relativ beständige farbige Azokörper und deshalb, sowie wegen ihrer Analogie mit den Antidiazosulfonaten, ebenfalls Antikörper[5]). Sie bilden wie die meisten anderen Azokörper (Diazocyanide) mit noch einem Mol. Benzolsulfinsäure farblose Additionsprodukte vom Typus des Hydrazobenzols: $Ar \cdot N \cdot (SO_2C_6H_5) \cdot NH \cdot SO_2C_6H_5$.

$$\text{Freie Diazosulfonsäuren} \qquad \begin{matrix} Ar \cdot N \\ \ddots \\ N \cdot SO_3H \end{matrix}$$

Von den stereoisomeren Diazosulfonaten liefern die Synsalze keine freie Synsulfonsäure, sondern nur ihre Zersetzungsprodukte gemäß der Gleichung:

$$\begin{matrix} Ar \cdot N \\ \ddots \\ HO \cdot SO_2 \cdot N \end{matrix} = \begin{matrix} Ar \\ \cdot \\ HO \end{matrix} + SO_2 + \begin{matrix} N \\ \cdot \\ N \end{matrix}$$

Auch die meisten Antisulfonsäuren sind sehr zersetzlich; doch lassen sich einige, z. B. die freie p-Nitrosulfonsäure, besonders

---

[1]) Hantzsch u. Freese, Ber. **28**, 3237 (1895).
[2]) Bamberger, Ber. **29**, 272 (1896).
[3]) Hantzsch u. Freese, Ber. **28**, 3249 (1895).
[4]) Königs, Ber. **10**, 1232 (1877); v. Pechmann, Ber. **28**, 861 (1895)
[5]) Hantzsch u. Singer, Ber. **30**, 312 (1897).

leicht aber die relativ stabilen, lange bekannten Diazophenol-
sulfonsäuren, z. B. $\mathrm{HO \cdot C_6H_4 \cdot N \atop \ddot{N} \cdot SO_3H}$ isolieren.

Thiodiazophenolanhydride oder Diazosulfide $C_6H_4{\big\langle}{}^{S}_{N}{\big\rangle}N$;

von P. Jacobson[1]) durch Diazotierung von o-Aminophenyl-
mercaptanen erhalten, erinnern durch Beständigkeit, Mangel der
eigentlichen Diazoreaktionen, Farblosigkeit, Flüchtigkeit usw. viel
mehr an die Azimidokörper als an die Diazophenole; sie enthalten
deshalb auch gleich den ersteren einen Fünfring, in denen die
2 Stickstoffatome ihren Diazocharakter eingebüßt haben[2]); sie sind
auch nur aus Orthoderivaten erhältlich und entstehen danach
durch folgenden Ringschluß:

$$C_6H_4{\big\langle}{}^{SH}_{N=N}{\big\rangle}OH \rightarrow C_6H_4{\big\langle}{}^{S}_{N}{\big\rangle}N + H_2O.$$

c) Stickstoffverbindungen der Diazokörper.

Sogenannte Diazoaminokörper; Triazene:

$$\mathrm{Ar \cdot N \atop \| \atop N \cdot NHR} \qquad \text{und} \qquad \mathrm{Ar \cdot N \atop \| \atop N \cdot NR_1R_2}\,,$$

schon von Griess[3]) entdeckt und nach seiner Auffassung als
Additionsprodukte von Diazobenzol $C_6H_4N_2$ mit Amidobenzolen
Ar $\cdot$ NH$_2$ „Diazoamidobenzole" genannt, sind gut bekannt; hier
seien nur die für ihre Konstitution maßgebenden Gesichtspunkte
hervorgehoben. Ihre allgemeinste Bildungsgleichung aus Diazoniumsalzen und primären oder sekundären Basen:

$$\mathrm{Ar \cdot N_2 \cdot Cl + 2\,NH_2R \quad = Ar \cdot N_2 \cdot NHR \quad + NH_2R \cdot HCl}$$
$$\mathrm{Ar \cdot N_2 \cdot Cl + 2\,NHR_1R_2 = Ar \cdot N_2 \cdot NR_1R_2 + NHR_1R_2 \cdot HCl}$$

führt zwar bei Anwendung von Ammoniak und den primären
Aminen der Methylaminreihe nicht zum einfachsten Benzolazo-
amid Ar $\cdot$ N : N $\cdot$ NH$_2$ und seinen Derivaten, gelingt aber sowohl
mit vielen fetten Aminen [Dimethylamin, Piperidin[4])] als auch mit
aromatischen Aminen. Dieser Bildung entspricht umgekehrt ihre

---

[1]) Ann. **277**, 209 (1893).

[2]) Die Muttersubstanz dieser Diazosulfide, das 1, 2, 3-Thiodiazol, ist von Wolff
[Ann. **333**, 18 (1904)] isoliert worden und besitzt auch keinen Diazocharakter mehr.

[3]) Ann. **211**, 258 (1862).

[4]) Bayer u. Jäger, Ber. **8**, 148, 893 (1875).

Rückverwandlung in dieselben Komponenten durch Säuren. Ihre Entstehung kann auf das allgemeine Reaktionsschema auf S. 56 zurückgeführt werden, wobei die Syndiazoaminokörper als intermediäre, aber nicht isolierbare Zwischenprodukte anzunehmen sind. Die früher ziemlich verbreitete Annahme, daß zuerst Additionsprodukte von Diazoniumchlorid und Anilinbasen von der Formel $Ar \cdot NH \cdot NCl \cdot NHR$ entstünden, ist mit der Diazoniumformel kaum vereinbar und auch zur Erklärung der Tautomerie der Diazoaminokörper (s. unten) nicht nötig.

Die einfachsten Diazoaminoverbindungen lassen sich nach der Methode von Griess nicht herstellen, da sich bei der Anwendung von Ammoniak, Methylamin, Äthylamin und Allylamin Bisdiazo-aminokörper bilden[1]). Erst Dimroth[2]) gelang es, diese Körper auf einem anderen Wege zu synthetisieren, indem er Alkyl- und Arylderivate der Stickstoffwasserstoffsäure, z. B. Diazobenzolimid, auf Organomagnesiumverbindungen einwirken ließ. So entstand aus Diazobenzolimid und Methylmagnesiumjodid das Diazobenzol-methylamid (Phenyl-methyl-triazen):

$$C_6H_5 \cdot N{\Large\langle}{\overset{N}{\underset{N}{\|}}} + CH_3MgJ \;\rightarrow\; C_6H_5 \cdot NH \cdot N \colon N \cdot CH_3$$

Das Diazobenzolamid (Phenyltriazen) erhielt Dimroth[3]) durch vorsichtige Reduktion des Diazobenzolimids (mit Zinnchlorür in ätherischer Salzsäure) bei tiefer Temperatur:

$$C_6H_5 \cdot N{\Large\langle}{\overset{N}{\underset{N}{\|}}} \;\rightarrow\; C_6H_5 - N = N - NH_2$$

Ein Cyan-Substitutionsprodukt des Phenyltriazens, das 1-Phenyl-2-cyantriazen (Benzol-azo-cyanamid) $C_6H_5 \cdot N = N \cdot NH \cdot CN$ erhielten Wolff und Lindenhayn[4]) auf ähnlichem Wege durch Anlagerung von Cyankalium an Diazobenzolimid.

Auch die Diazo-amino-phenole $C_6H_5 \cdot N = N \cdot NH \cdot C_6H_4 \cdot OH$ lassen sich nicht direkt herstellen. Wohl[5]) ist es gelungen, diese Körper durch Verseifen der Ester dieser Phenole (Benzoesäureester) zu erhalten.

Die Bildung von Diazoaminokörpern durch Einwirkung von

---

[1]) Goldschmidt u. Badl, Ber. **22**, 933 (1889).
[2]) Ber. **36**, 909 (1903); **38**, 670, 2328 (1905); **39**, 3905 (1906).
[3]) Ber. **40**, 2376 (1907).
[4]) Ber. **37**, 2374 (1904).
[5]) Ber. **36**, 4143 (1904).

Anilinbasen auf normale Diazotatlösungen, Diazooxyde, Nitrosamine und Nitrososäureanilide läßt sich zwar emprisch meist einfach formulieren, kann jedoch auf verschiedene Weise verlaufen[1]).

Die im Gegensatz zu den meist farblosen Diazosauerstoffverbin-
dungen $Ar \cdot N : N \cdot OR$ meist farbigen Diazoaminokörper verbinden sich trotz ihrer neutralen Reaktion mit starken Säuren zu
unbeständigen Salzen, z. B. $Ar \cdot N : N \cdot NHR \cdot HCl$, bilden aber
auch Metallsalze $Ar \cdot N : N \cdot NMe \cdot R$, von denen, entsprechend
der Bindung des Metalls an Stickstoff, namentlich die Queck-
silber-, Silber- und Cuprosalze viel beständiger sind als die Alkalisalze. Aus diesen Salzen entstehen Säurederivate, z. B. $Ar \cdot N : N$
$\cdot N(COC_6H_5)R$.

Als Antidiazokörper charakterisieren sie sich durch relative
Beständigkeit (geringe Explosibilität) und sehr langsame Kuppelung und weiterhin auch durch die Bildung von Mischkrystallen[2])
mit Anti-benzal-phenylhydrazonen; ferner auch durch die merk-
würdige und vielfach untersuchte Tautomerie der Diazoaminokörper von unsymmetrischer Strukturformel
$Ar' \cdot N_3H \cdot Ar''$. Diese Tautomerie zeigt sich darin, daß zwar
gemäß den Bildungsgleichungen

$$Ar' \cdot N_2 \cdot Cl + NH_2Ar'' = HCl + Ar' \cdot N_2 \cdot NHAr'' \tag{1}$$

$$Ar''N_2 \cdot Cl + NH_2Ar' = HCl + Ar'' \cdot N_2 \cdot NHAr' \tag{2}$$

zwei strukturverschiedene Diazoaminokörper entstehen sollten,
daß aber tatsächlich nur ein einziger Körper entsteht, der jedoch
nach beiden Formeln reagiert, da er sich durch Salzsäure sowohl
nach Formel (1) in $Ar' \cdot N_2Cl + NH_2Ar''$, als auch nach Formel (2)
in $Ar''N_2Cl + NH_2Ar'$ spaltet.

Diese Tautomerie der Diazoaminokörper ist vollkommen analog
der Tautomerie zwischen Antidiazohydraten und primären Nitrosaminen. Wie das Hydroxylwasserstoffatom der Antidiazohydrate
wandern und so Nitrosamine erzeugen kann, so wird auch das an
gleicher Stelle befindliche Imidwasserstoffatom der Antidiazoamino-
körper in gleichem Sinne wandern:

---

¹) Vgl. Niementowski, Ber. **26**, 49 (1893); Zeitschr. phys. Chem. **22**, 145
(1897); Mehner, Journ. pr. Chem. **65**, 401 (1901); Meunier, C. r. **137**, 1264 (1903);
Vignon u. Simonet, C. r. **140**, 1038 (1905); Morgan u. Wootton, Proceed.
21, 179 (1905); Morgan u. Clayton, Proceed. **21**, 182 (1905), **22**, 174 (1905);
Morgan u. Upton, I. Chem. Soc. **111**, 187 (1916).

²) Ciusa u. Pestalozza, Gazz. chim. **41**, I, 391 (1911).

$$\begin{array}{ccccccc}
\mathrm{Ar\cdot N} & & \mathrm{Ar\cdot NH} & \mathrm{Ar'\cdot N} & & \mathrm{Ar'\cdot NH} \\
\| & \rightarrow & | & \| & \rightarrow & | \\
\mathrm{N\cdot OH} & & \mathrm{N\cdot O} & \mathrm{N\cdot NHAr''} & & \mathrm{N:NAr''}
\end{array}$$

und so den leichten Übergang der beiden strukturisomeren Formen veranlassen können. Während aber die beiden Verbindungen $\mathrm{Ar\cdot N_2OH}$ ganz verschiedenen Typen zugehören, also chemisch erheblich verschieden sind und deshalb bisweilen isoliert werden können, sind die beiden Verbindungen $\mathrm{Ar'\cdot N_3H\cdot Ar''}$ von gleichem Typus und deshalb einander so ähnlich, daß man sie nicht trennen kann. Denn gerade wegen dieser Ähnlichkeit wird der Wasserstoff auch leicht wieder im umgekehrten Sinne zurückwandern und so die Reaktionsfähigkeit im Sinne beider Formeln veranlassen können. Doch ist die Konstitution vieler Diazoaminokörper durch H. Goldschmidt[1]) bei Ausschluß von Wasser (Vermeidung von Dissoziation und von Ionenreaktionen) folgendermaßen bestimmt worden: durch Addition von Phenylisocyanat wird zuerst das Imidwasserstoffatom ersetzt durch die Gruppe $\mathrm{CO\cdot NHC_6H_5}$:

$$\mathrm{Ar'N:N\cdot NHAr''+CO:NC_6H_5=Ar'N:N\cdot N}\!\!\begin{array}{l}\diagup \mathrm{CO\cdot NHC_6H_5}\\ \diagdown \mathrm{Ar''}\end{array}$$

Ein solches Diazoharnstoffderivat ist einheitlich; denn es spaltet sich einheitlich entsprechend der obigen Formel, da gemäß der Gleichung:

$$\mathrm{Ar'N:N\cdot N}\!\!\begin{array}{l}\diagup \mathrm{CO\cdot NHC_6H_5}\\ \diagdown \mathrm{Ar''}\end{array}\!\!+\mathrm{HOH}=\mathrm{Ar'OH}+\mathrm{N_2}+$$
$$\mathrm{HN}\!\!\begin{array}{l}\diagup \mathrm{CO\cdot NHC_6H_5}\\ \diagdown \mathrm{Ar''}\end{array}$$

ausschließlich derjenige Benzolrest als Phenol abgespalten wird, der ursprünglich mit der Diazogruppe verbunden war, während der andere an der Harnstoffgruppe verbleibt. Ebenso wird umgekehrt ein Diazoaminokörper von der Formel $\mathrm{Ar''\cdot N:N\cdot NHAr'}$ analog durch die „Phenylisocyanatreaktion" als Endprodukte $\mathrm{Ar''OH}$, $\mathrm{N_2}$ und $\mathrm{Ar'NH\cdot CO\cdot NHC_6H_5}$ liefern. Nach dieser Methode ist gefunden worden, daß der Imidwasserstoff in unmittelbarer Nähe des negativeren Benzolrestes fixiert ist; denn $\mathrm{C_6H_5\cdot N_3H}$ $\mathrm{C_6H_4CH_3}$ erweist sich danach als $\mathrm{C_6H_5\cdot NH\cdot N:N\cdot C_6H_4CH_3}$, dagegen $\mathrm{C_6H_5\cdot N_3H\cdot C_6H_4Br}$ umgekehrt als $\mathrm{C_6H_5\cdot N:N\cdot NH}$ $\cdot\mathrm{C_6H_4Br}$.

---

[1]) Ber. **21**, 2578 (1888), **38**, 1096 (1905); vgl. Dimroth, Ber. **38**, 675 (1905); **40**, 2394 (1907).

Nach Ansicht von Dimroth[1]) besteht übrigens eine Tautomerie bei den reinen Diazoaminokörpern nicht; vielmehr kommt ihnen immer eindeutig eine bestimmte Konstitution zu. Erst bei Einwirkung eines zweiten Stoffes (z. B. Salzsäure bei höherer Temperatur) tritt eine Wanderung des Wasserstoffatomes auf.

Eigentümliche „Wanderungen von Diazogruppen"[2]) sind mehrfach beobachtet worden; wenn z. B. aus $BrC_6H_4N_2Cl$ und $C_6H_5NH_2$ nicht nur das Monobromderivat $BrC_6H_4 \cdot N_3H \cdot C_6H_5$, sondern zum Teil auch das Dibromderivat $BrC_6H_4 \cdot N_3H \cdot C_6H_4Br$ entsteht, so ist dies kaum anders als auf einen seiner Bildung vorangehenden Platzwechsel: $BrC_6H_4N_2Cl + C_6H_5NH_2 = BrC_6H_4NH_2 + C_6H_5N_2Cl$ zurückzuführen. Derartige Reaktionen, ebenso wie auch gewisse Andeutungen von Isomerien bei Diazoaminokörpern[3]) sind noch unerklärt. — Durch Fluorwasserstoff gehen Diazoaminokörper, namentlich die Piperidide, in Fluorbenzole über[4]).

Abkömmlinge der Diazoaminokörper, in denen das Imidwasserstoffatom durch Hydroxyl bzw. Amid ersetzt ist, sind die sogenannten Diazoxyaminoverbindungen $Ar \cdot N : N \cdot NOH \cdot R$, welche, abgesehen von komplizierteren Bildungsweisen[5]), aus Diazobenzollösung und α-substituierten Hydroxylaminen entstehen[6]):

$$ArN_2 \cdot OH + H \cdot N(OH)R = Ar \cdot N : N \cdot N(OH) \cdot R + H_2O$$

sowie die sogenannten Diazohydrazide $Ar \cdot N : N \cdot N(NH_2) \cdot R$

---

[1]) Ber. **40**, 2390 (1907); vgl. Noelting u. Binder, Ber. **20**, 3004 (1887).

[2]) Griess, Ber. **15**, 2160 (1882); Schraube u. Fritsch, Ber. **29**, 287 (1896); Hantzsch u. F. M. Perkin, Ber. **31**, 1412 (1898).

[3]) Hantzsch u. F. M. Perkin, Ber. **30**, 1394 (1897); Isomerien sind bei Diazoaminokörpern in der Literatur mehrfach angedeutet (Vaubel, Zeitschr. f. angew. Ch. **15**, 1209 [1902]; Orlow, Journ. russ. phys. chem. G. **38**, 587 [1906], Chem. C. 1906, II, 1569; Dimroth, Ber. **40**, 2382 [1907]; Richard Müller, Zeitschr. phys. Ch. **86**, 177 (1914); Schaum, Schaeling u. Klausing, Ann. **411**, 193 [1916]). Von diesem Isomeren ist das eine immer äußerst labil, häufig nur durch einen um wenige Grade abweichenden Schmelzpunkt charakterisiert, so daß der Nachweis seiner Existenz haufig noch unsicher ist. Fruher faßte man diese Erscheinung als „physikalische Isomerie" auf, während man jetzt dazu neigt, sie als chemische Isomerie anzusprechen (vgl. auch Dimroth Ber. **40**, 2385 [1907]). Schaum bezeichnet demgemäß diese Isomerie als „kryptochemischen Polymorphismus" (Chem. Ztg. 1914, 257; Ann. **411**, 161 [1916]).

[4]) Wallach, Ann. **235**, 255 (1886) u. **243**, 219 (1888).

[5]) Bamberger, Ber. **29**, 104 (1896); **32**, 3554 (1899); Otto Fischer, Journ. prakt. Chem. **92**, 60 (1915); vgl. auch Mai, Ber. **24**, 3418 (1891); **25**, 1685 (1892); **39**, 876 (1906).

[6]) Bamberger, Ber. **30**, 2278 (1897); **32**, 1546 (1899); Ann. **353**, 228 (1907).

[Benzolazohydrazide[1])], welche ganz analog aus Diazobenzollösung und Hydrazinen entstehen:

$$Ar \cdot N_2 \cdot OH + HNR \cdot NH_2 = Ar \cdot N:N \cdot NR \cdot NH_2 + H_2O .$$

Letztere enthalten bereits eine Kette von 4 Stickstoffatomen; eine solche von 5 Stickstoffatomen besitzen die

$$\text{Bisdiazoaminokörper} \quad \begin{matrix} Ar \cdot N:N \\ Ar \cdot N:N \end{matrix} \Big\rangle NH(R) .$$

Zuerst von H. Goldschmidt[2]) aus Diazoniumsalzen und fetten Aminen erhalten:

$$2\,ArN_2Cl + 3\,H_2NR = (ArN:N)_2NR + 2\,H_2NR \cdot HCl$$

sind sie durch v. Pechmann[3]) eingehender untersucht worden. Letzterer hat auch den einfachsten Repräsentanten $(C_6H_5N:N)_2 \cdot NH$ isoliert. Die Verbindungen sind farbige, meist recht explosible Substanzen. Diejenigen, welche noch ein Imidwasserstoffatom enthalten, bilden ziemlich beständige Salze von der Formel $Ar \cdot N:N$ $NMe \cdot N:N \cdot Ar$. Ihre Konstitution ist später von Dimroth[4]) eingehend untersucht und die Goldschmidtsche Formel bestätigt worden. Bezüglich ihrer Konfiguration ist anzunehmen, daß sie mindestens die eine Diazogruppe in der Antikonfiguration enthalten, da sie auch aus Antidiazoaminokörpern und „normaler Diazolösung" entstehen:

$$\begin{matrix} Ar \cdot N \\ \| \\ N \cdot NH \cdot Ar \end{matrix} + ArN_2OH = \begin{matrix} Ar \cdot N \\ \| \\ N \cdot NAr \cdot N:NAr \end{matrix} + H_2O .$$

Die längste bisher bekannte Kette von nicht weniger als 8 Stickstoffatomen enthalten die von A. Wohl[5]) entdeckten

$$\text{Oktazone} \quad Ar \cdot N:N \cdot NR \cdot N:N \cdot NR \cdot N:N \cdot Ar ,$$

die Oxydationsprodukte der oben erwähnten Diazohydrazide:

$$2\,Ar \cdot N:N \cdot NR \cdot NH_2 + 2\,O = 2\,H_2O + \begin{matrix} Ar \cdot N:N \cdot NR \cdot N \\ Ar \cdot N:N \cdot NR \cdot N \end{matrix} \,\cdot\cdot\,.$$

---

[1]) A. Wohl, Ber. **33**, 2741 (1900); Emil Fischer, Ann. **199**, 306 (1879); Ber. **43**, 3500 (1910).

[2]) Ber. **22**, 934 (1889).

[3]) Ber. **27**, 703, 899 (1894); **28**, 171 (1895).

[4]) Dimroth, Eble u. Gruhl, Ber. **40**, 2390 (1907).

[5]) Ber. **33**, 274 (1900).

$$\text{Die Azimidokörper } C_6H_4 \overset{N}{\underset{NH}{\diagdown}} \diagup N$$

leiten sich zwar gleich den Thiodiazophenolanhydriden genetisch von Diazokörpern ab, da sie aus Orthodiaminen und salpetriger Säure (wohl als innere Anhydride eines Orthoaminodiazohydrats $C_6H_4 \overset{N:N\cdot OH}{\underset{NH_2}{\diagdown}}$) entstehen, besitzen jedoch ebenso wie die analogen Schwefelkörper keinen Diazocharakter mehr. Ähnliches gilt für die aus demselben Grunde nur kurz erwähnten

$$\text{Diazoimide oder Phenylazide } Ar\cdot N_3 = Ar\cdot N \overset{N}{\underset{N}{\diagdown}} \|$$

die aus Diazoniumtrihaloiden und Ammoniak entstehen:

$$Ar\cdot N_2 \cdot Br_3 + H_3N = 3\,HBr + Ar\cdot N_3$$

aber auch aus primären Hydrazinen durch salpetrige Säure als Anhydrisierungsprodukte der primär gebildeten Nitrosohydrazine auftreten[1]):

$$Ar\cdot NH\cdot NH_2 \rightarrow Ar\cdot N \overset{NH_2}{\underset{NO}{\diagdown}} \rightarrow Ar\cdot N \overset{N}{\underset{N}{\diagdown}} \|$$

Noch einfacher[2]) können sie aus Diazoniumsalzen und Stickstoffwasserstoffsäure hergestellt werden:

$$C_6H_5 \cdot N_2 \cdot SO_4H + HN_3 = C_6H_5 \cdot N_3 + N_2 + H_2SO_4 \,,$$

ferner aus Phenylsemicarbazid mit Natriumhypochlorit[3])

$$C_6H_5 \cdot NH \cdot NH \cdot CONH_2 \xrightarrow{3\,NaOCl} C_6H_5N_3 + CO_2 + 3\,NaCl + 2\,H_2O \,.$$

d) Kohlenstoffverbindungen der Diazokörper (Azokörper).

Dieselben sind, weil sie die Gruppe $Ar\cdot N:N\cdot C$ enthalten, mit noch mehr Recht als die bisherigen Gruppen als Azokörper zu bezeichnen, wie sie denn vermittels der bereits besprochenen Diazocyanide (Azocyanide) $Ar\cdot N:N\cdot CN$ zum Azobenzol hinüberleiten.

$$\text{Gemischte Azokörper } Ar\cdot N:N\cdot Alkyl$$

bestehen namentlich in Form zahlreicher Abkömmlinge der Diazo-

---

[1]) Thiele, Ber. **41**, 2681; Stollé, Ber. **41**, 2811 (1908); vgl. E. Fischer, Ann. **190**, 98 (1877).

[2]) Noelting u. Michel, Ber. **26**, 86 (1893).

[3]) Darapsky, Ber. **40**, 3035 (1907).

cyanide, die durch Aufspaltung der Cyangruppe und Anlagerung
von H_2O, C_2H_5OH, SH_2, NH_3, HCN usw. gebildet werden[1]). Da
sie aus den Antidiazocyaniden entstehen und ziemlich beständig
sind, besitzen sie die Antikonfiguration; die schon an sich leicht
isomerisierbaren Syndiazocyanide wandeln sich also bei diesen
Additionen spontan in die Antikörper um. Man kennt z. B.

$$
\begin{array}{cccc}
\text{Azocarbamide} & \text{Azoimidoäther} & \text{Azoimidocyanide} & \text{Azothioamide} \\[4pt]
\mathrm{Ar \cdot N} & \mathrm{Ar \cdot N} & \mathrm{Ar \cdot N} & \mathrm{Ar \cdot N} \\
\parallel & \parallel & \parallel & \parallel \\
\mathrm{N \cdot C}\!\!\begin{array}{l}{}^{\diagup O}\\{}_{\diagdown NH_2}\end{array} &
\mathrm{N \cdot C}\!\!\begin{array}{l}{}^{\diagup OCH_3}\\{}_{\diagdown NH}\end{array} &
\mathrm{N \cdot C}\!\!\begin{array}{l}{}^{\diagup CN}\\{}_{\diagdown NH}\end{array} &
\mathrm{N \cdot C}\!\!\begin{array}{l}{}^{\diagup S}\\{}_{\diagdown NH_2}\end{array}
\end{array}
$$

Aus diesen Derivaten von Benzol(di)azocarbonsäuren kann man
auch Salze $Ar \cdot N : N \cdot COOMe$ der in freiem Zustande fast spontan
zerfallenden Säuren erhalten. Solche Salze und Äther entstehen
auch durch Oxydation von Phenylhydrazinderivaten, z. B. von
$Ar \cdot NH \cdot NH \cdot COOC_2H_5$[2]). Als erster Repräsentant dieser Gruppe
ist das Benzoylazobenzol[3]) $C_6H_5 \cdot N : N \cdot COC_6H_5$ (rote unbeständige Verbindung) aus Benzoylphenylhydrazin erhalten worden.

1. Azokörper der Benzolreihe und Azofarbstoffe

sollen hier nur insoweit behandelt werden, als sie zu den Diazokörpern in Beziehung stehen und als ihre Auffassung durch die
Theorie der Diazoverbindungen beleuchtet wird. Die allgemeinen
Bildungsweisen und Eigenschaften der Azofarbstoffe können hier
übergangen werden.

Daß das Azobenzol und die Azofarbstoffe, z. B. Amino- und
Oxyazobenzol der Antireihe zugehören, entsprechend den Formeln

$$
\begin{array}{cc}
\mathrm{C_6H_5 \cdot N} & \mathrm{C_6H_5 \cdot N} \\
\parallel & \parallel \\
\mathrm{N \cdot C_6H_5} & \mathrm{N \cdot C_6H_4 \ (NH_2,\ OH)}
\end{array}
$$

folgt aus ihrer großen Beständigkeit und im speziellen aus ihrer
Ähnlichkeit mit den Anti(di)azobenzolcyaniden, die bereits zu den
echten Azokörpern gerechnet werden können[4]). In Parallele mit

---

[1]) Hantzsch u. O. W. Schultze, Ber. **28**, 2073 (1895).
[2]) Widman, Ber. **28**, 1925 (1895).
[3]) E. Fischer, Ann. **190**, 126 (1877).
[4]) Ein isomeres Syn-azobenzol glaubten C. und R. Gortner (Journ. Amer.
Chem. Soc. **32**, 1294 [1910]; vgl. Bruni, Mem. Linc. **9**, 61 [1912]) gefunden zu
haben. Hartley und Stuart (I. Chem. Soc. **105**, 309 [1914]) wiesen aber nach,
daß diese Substanz nur ein konstant schmelzendes Gemisch von Azobenzol und

einer für viele Antidiazokörper charakteristischen Erscheinung
tritt aber auch eine bekannte wichtige Eigenschaft namentlich
der Oxyazokörper, nämlich die

Tautomerie der Azofarbstoffe.

Diese Frage ist sehr intensiv bearbeitet worden[1]). Für Ortho-
und Para-Oxyazokörper sind, worauf Zincke[2]) beim Benzol-azo-
β-Naphthol zuerst aufmerksam gemacht hat, die tautomeren
Formen von Chinonhydrazonen möglich:

$$\text{HO}\!-\!\langle\ \rangle\!-\!\text{N}:\text{N}\cdot\text{C}_6\text{H}_5 \rightleftharpoons \text{O}\!=\!\langle\ \rangle\!=\!\text{N}\cdot\text{NH}\cdot\text{C}_6\text{H}_5\,.$$

Diese Tautomerie ist ein Spezialfall der bei allen Antidiazokörpern mit beweglichen Wasserstoffatomen beobachteten Erscheinung, die schon bei Antidiazohydraten und Antidiazoaniliden
(Diazoaminokörpern) behandelt worden ist. Folgende Nebenein-
anderstellung möge dieses verdeutlichen:

$$
\begin{array}{llll}
\text{Ar}\cdot\text{N} & \text{Ar}\cdot\text{NH} & \text{Ar}\cdot\text{N} & \text{Ar}\cdot\text{NH} \\
\parallel \quad\rightarrow & \mid \quad ; & \parallel \quad\rightleftharpoons & \mid \quad ; \\
\text{N}\cdot\text{OH} & \text{N}:\text{O} & \text{N}\cdot\text{NC}_6\text{H}_5\cdot\text{H} & \text{N}:\text{N}\cdot\text{C}_6\text{H}_5 \\[2ex]
\text{Ar}\cdot\text{N} & \text{Ar}\cdot\text{NH} & \text{Ar}\cdot\text{N} & \text{Ar}\cdot\text{NH} \\
\parallel \quad\rightleftharpoons & \mid \quad ; & \parallel \quad\rightleftharpoons & \mid \\
\text{N}\cdot\text{C}_6\text{H}_4\cdot\text{OH} & \text{N}:\text{C}_6\text{H}_4:\text{O} & \text{N}\cdot\text{C}_6\text{H}_4\cdot\text{NH}_2 & \text{N}:\text{C}_6\text{H}_4:\text{NH}
\end{array}
$$

Mc Pherson[3]) gelang es, ein solches Isomerenpaar bei dem
p-Oxyazobenzol zu isolieren:

$$
\underset{\text{COC}_6\text{H}_5}{\text{O}\cdot}\!\langle\ \rangle\!-\!\text{N}:\text{N}\!-\!\langle\ \rangle \;\leftarrow\; \text{O}\!-\!\langle\ \rangle\!-\!\underset{\text{COC}_6\text{H}_5}{\text{N}\!-\!\text{N}}\!-\!\langle\ \rangle\,,
$$

von dem sich das Hydrazon, wie Willstätter und Veraguth[4])
feststellten, leicht durch Schütteln mit Kali in Äther in das Oxy-
azobenzolderivat umlagern läßt. Nun besteht sonst bei solchen

---

Azoxybenzol ist. Reissert (Ber. **42**, 1366 [1909]; vgl. Angeli, Über die Konstitution der Azooxyverbindungen, S. 8 [Sammlung Ahrens], Stuttgart 1913]) hat
zwei isomere Azoxybenzole (Fp. 36° bzw. 84°) gefunden. Ob hier Stereoisomerie
oder Polymorphismus (siehe S. 68, Anm. 3) vorliegt, ist noch nicht geklärt. Bei
dem p-Azotoluol und o-Azotoluol haben Schaum, Schaeling und Klausing
(Ann. **411**, 191, 193 [1911]) Polymorphismus festgestellt.

[1]) Geschichtlicher Überblick: Auwers, Ann. **360**, 11 (1908); Wieland, Die
Hydrazine, 154 ff., Stuttgart 1913. Daselbst Literatur.

[2]) Zincke u. Bindewald, Ber. **17**, 3032 (1884).

[3]) Ber. **28**, 2414 (1895).

[4]) Ber. **40**, 1432 (1907).

tautomeren Körpern allgemein das Bestreben, die Azogruppe durch Angliederung eines Wasserstoffes und Verlegung der Doppelbindung in die Hydrazongruppe zu verwandeln. Sehr deutlich zeigt sich das bei den fettaromatischen Azoverbindungen (s. S. 91), z. B. bei der Umwandlung von Benzol-azo-äthan in Aldehydphenylhydrazon [1]:

$$C_6H_5 \cdot N : N \cdot CH_2 \cdot CH_3 \rightarrow C_6H_5 \cdot NH \cdot N : CH \cdot CH_3$$

Diesem Bestreben können aber konstitutive Einflüsse entgegenwirken, wenn das Molekül CO-, NO_2-, NO- oder ähnliche Gruppen enthält. Vor allem ist es der Chinonkern mit seiner Tendenz, in den thermodynamisch begünstigteren Benzolkern überzugehen, welcher der Hydrazonbildung entgegenarbeitet. Die Oxy-Azobenzole haben sich so als Azokörper herausgestellt [2]. Das Umlagerungsbestreben ist so groß, daß nicht nur Wasserstoff, sondern auch Acyle wandern (obiges Beispiel). Sogar an Kohlenstoff gebundene Acyle verändern ihren Platz, um die stabilste Lage des Moleküls einzustellen, wie dies Dimroth und Hartmann [3] am Phenyl-azo-tribenzoylmethan gezeigt haben, welches in das N-Benzoyl-phenylhydrazon des Diphenyl-triketons übergeht. Hier ist also das Hydrazon die begünstigte Konfiguration:

$$\begin{matrix} C_6H_5 \cdot CO \\ C_6H_5 \cdot CO \end{matrix} \Big\rangle \underset{\underset{CO \cdot C_6H_5}{|}}{C} - N = N - C_6H_5 \rightarrow \begin{matrix} C_6H_5 \cdot CO \\ C_6H_5 \cdot CO \end{matrix} \Big\rangle C = N - \underset{\underset{CO \cdot C_6H_5}{|}}{N} - C_6H_5$$

Die fettaromatischen Azokörper, die aus Diazoniumsalzen durch Kuppelung mit Alkalisalzen schwach saurer (phenolähnlicher) Substanzen der Fettreihe [4], wie Isonitroäthanen, Acetessigester, Cyanessigester, Benzylcyanid u. a. entstehen, weisen gleiche Isomerieerscheinungen auf. Hier ist die Bildung von Hydrazonen die Regel, worauf V. Meyer [5] zuerst aufmerksam gemacht hat. Mitunter gelingt es, 2 Isomere zu fassen. Doch ist deren Konstitution nicht so eindeutig festgelegt wie in dem Fall von Dimroth und Hartmann (s. oben).

---

[1] E. Fischer, Ber. **29**, 793 (1896); vgl. Thiele u. Heuser, Ann. **290**, 9 (1896).

[2] Goldschmidt u. Löw - Beer, Ber. **38**, 1098 (1905); Auwers u. Eckhardt, Ann. **359**, 336 (1908); Auwers, Ann. **360**, 17 (1908); Hantzsch u. Glover, Ber. **39**, 4163 (1906); Gorke, Koeppe u. Staiger, Ber. **41**, 1168 (1908).

[3] Ber. **40**, 4460 (1907); Ber. **41**, 4012 (1908).

[4] V. Meyer, Ber. **8**, 751 (1875); V. Meyer u. Züblin, Ber. **11**, 1418 (1878).

[5] Ber. **21**, 12 (1888).

Es kann hierbei eine Komplikation insofern eintreten, als auch an der C=N-Bindung durch Cis- und Translagerung Stereoisomerie eintreten kann. Die beiden Formen des sogenannten Benzolazocyanessigesters haben sich z. B. als stereoisomere Hydrazone

$$CN \cdot C \cdot COOC_2H_5 \qquad\qquad CN \cdot C \cdot COOC_2H_5$$
$$ArNH \cdot N \qquad\qquad\qquad N \cdot NHAr$$

erwiesen[1]).

2. Bildung von Azofarbstoffen aus Diazokörpern; Kuppelung.

Auch diese höchst wichtige Reaktion soll hier nur insoweit behandelt werden, als sie zur Theorie der Diazokörper in Beziehung steht. Daß die empirisch einfachste Formulierung der Reaktion zwischen Diazokörpern und Phenolen bzw. Aminen:

$$Ar \cdot N_2X + HC_6H_4[OH, N(CH_3)_2] = HX + Ar \cdot N : N \cdot C_6H_4[OH, N(CH_3)_2]$$

tatsächlich viel komplizierter verläuft, und daß aus der sicher festgestellten Konstitution der gebildeten Azofarbstoffe nicht auf die Konstitution des ursprünglichen Diazokörpers geschlossen werden darf, wie dies lange Zeit geschehen ist, folgt mit Sicherheit aus allen vorhergehenden Entwicklungen.

So sehr auch diese Reaktion von der spezifischen Konstitution der beiden reagierenden Stoffe beeinflußt wird, so gilt doch zunächst allgemein folgende bekannte, durch H. Goldschmidt[2]) exakt bewiesene Tatsache: Die Kuppelung wird sowohl durch Säuren wie durch Basen gehemmt; die Geschwindigkeit der Farbstoffbildung ist umgekehrt proportional der Konzentration sowohl von Wasserstoffionen als auch von Hydroxylionen, wodurch sich erklärt, daß „normale Diazohydratlösungen" am raschesten kuppeln, während Diazoniumsalze durch die freiwerdende Säure an der Kuppelung gehindert werden.

Ferner ist die Kuppelungsgeschwindigkeit nicht nur von der Konstitution der Phenole und Amine abhängig, sondern auch von der der Diazokörper $Ar \cdot N_2X$. Die Diazoverbindungen negativ (Cl, Br, NO_2, SO_3H) substituierter Aniline reagieren schneller

---

[1]) Hantzsch u. Thompson, Ber. **38**, 2266 (1905).

[2]) Ber. **29**, 1369 (1896); **30**, 670, 2075 (1897); **32**, 355 (1899); **33**, 893 (1900); vgl. auch Zeitschr. phys. Chem. **29**, 89 (1899); Ann. **351**, 108 (1907).

(„energischer") als die nichtsubstituierten Verbindungen[1]). Umgekehrt wirkt aber ein negativer Substituent in den mit den Diazoverbindungen zu vereinigenden Phenolen und Aminen der Kuppelung entgegen. Hier erhöhen gerade positive Reste (Alkylgruppen[2]), Alkoxylgruppen) die Reaktionsgeschwindigkeit, besonders wenn dieselben in Metastellung stehen[4]). Vor allem aber ist die Konstitution der Diazogruppe von Einfluß auf die Kuppelung, wie schon auf S. 38 ausgeführt worden ist. Die ursprüngliche Ansicht, daß die Kuppelung auf „normale" Diazokörper beschränkt sei, mußte dahin erweitert werden, daß unter Umständen sogar alle Gruppen der Diazokörper kuppeln können, wie dies z. B. für alle Typen des p-Nitrodiazobenzols einschließlich des Nitrosamins nachgewiesen worden ist, nämlich für

$$
\begin{array}{lll}
NO_2C_6H_4 \cdot N \cdot X & NO_2C_6H_4 \cdot N & NO_2C_6H_4 \cdot N \\
\qquad N & CN \cdot N & \ddot{N} \cdot CN \\[2mm]
NO_2C_6H_4 \cdot N & NO_2C_6H_4 \cdot N & NO_2C_6H_4 \cdot NH \\
\dot{N} \cdot OCH_3 & \ddot{N} \cdot OH & NO
\end{array}
$$

Der Verlauf des Kuppelungsvorganges wird natürlich je nach der Konstitution der reagierenden Diazokörper anders zu formulieren sein.

Diazoniumsalze werden in „Anti"azofarbstoffe jedenfalls ganz analog verwandelt werden, wie in Anti(di)azocyanide oder Anti(di)azosulfonate. Denn da z. B. die (Di-)Azosulfonate bereits als Azofarbstoffe betrachtet werden können, so ist deren Entstehung von einer echten Kuppelung prinzipiell gar nicht verschieden. Bei der Farbstoffbildung wird also wohl auch hier primär der äußerst labile „Synfarbstoff", und erst sekundär der stabile Antifarbstoff entstehen[3]):

$$
\begin{array}{ccc}
Ar & C_6H_4OH & \left[\begin{array}{cc} Ar & C_6H_4OH \end{array}\right. \quad Ar \\
\dot{N}\!\equiv\!N+ & | & \left. \dot{N}\!=\!\dot{N} \right] \rightarrow N\!=\!N \\
X & H & X\!-\!H \qquad\quad C_6H_4 \cdot OH
\end{array}
$$

Hierbei muß man mit der Möglichkeit rechnen, daß aus Diazoniumsalz und Phenol primär ein Syndiazophenyläther $\dot{N} : \dot{N}$ mit Ar und OC_6H_5

[1]) Kurt H. Meyer, Irschick u. Schlösser, Ber. 47, 1741 (1914).
[2]) Auwers u. Michaelis, Ber. 47, 1275 (1914).
[3]) Vgl. hier Charrier, Gazz. chim. 44 II, 503 (1914).

entstehen und dieser sekundär in den isomeren Azofarbstoff
$Ar \cdot N : N \cdot C_6H_4OH$ umgelagert werden kann. Einen solchen
Reaktionsverlauf hat schon Kekulé[1]) vorausgesetzt, und von
anderen Autoren ist er später wiederholt diskutiert worden[2]).
Aber erst Dimroth[3]) gelang es, die Auflösung der Kuppelungsreaktion in diese 2 Phasen experimentell zu realisieren, indem er
bei der Einwirkung von p-Brombenzol-diazoniumchlorid auf p-Ni-
trophenol zunächst ein sehr labiles Reaktionsprodukt erhielt,
welches alle Eigenschaften eines Diazoäthers zeigte, und welches
sich durch Erhitzen auf 80° in den echten Azofarbstoff verwandelte:

$$Br \cdot C_6H_4 \cdot N_2 \cdot Cl + HO \cdot C_6H_4 \cdot NO_2 \rightarrow$$
$$Br \cdot C_6H_4 \cdot N_2 \cdot O \cdot C_6H_4NO_2 \rightarrow Br \cdot C_6H_4 \cdot N_2 \cdot C_6H_3(OH)NO_2 \,.$$

Hierdurch wird die vollkommene Analogie der Einwirkung von
Diazoverbindungen auf Phenole mit der Einwirkung der Diazoverbindungen auf Amine klar erwiesen.

Es sei aber darauf hingewiesen, daß Auwers[4]) diesen Zwischen-
verbindungen bei der Kuppelung eine andere Konstitution erteilt.
Er faßt sie auf als salzartige Verbindungen der stark sauren (halo-
genierten oder nitrierten) Phenole mit den Diazoniumbasen entsprechend der Formel

$$C_6H_5 \cdot \overset{\cdot}{\underset{N}{N}} \cdot O \cdot C_6H_4 \cdot Br(NO_2) \,.$$

Darauf hinzielende Untersuchungen Dimroths[5]) haben ergeben,
daß die Reaktionsprodukte der stark sauren Phenole — Pikrin-
säure und Dinitrophenol — zweifellos Diazoniumsalze sind; ihre
Leitfähigkeit in Aceton-Wassergemischen ist von derselben Größen-
ordnung wie die des Diazoniumchlorids und Trichloracetates. Dagegen haben die mit schwach sauren Phenolen gewonnenen Produkte
nicht die Eigenschaften von Diazoniumsalzen. Sie weisen trotz
geringer Leitfähigkeit keine Hydrolyse auf, so daß ihre Konstitution
als Diazoäther (bzw. O-Azokörper) sehr wahrscheinlich wird.

Einen anderen Standpunkt bezüglich des Verlaufes der Kuppe-

---

[1]) Ber. **3**, 233 (1870).
[2]) Vgl. Hantzsch, Die Diazoverbindungen, (Sammlung Ahrens) S. 67, Stuttgart 1902; Michael, Amer. chem. Journ. **36**, 559 (1906).
[3]) Dimroth u. Hartmann, Ber. **41**, 4016 (1908).
[4]) Ber. **41**, 4304 (1908); Ber. **47**, 1283, Anm. 2 (1914).
[5]) Dimroth, Leichtlin u. Friedemann, Ber. **50**, 1534 (1917).

lungsreaktion vertritt Kurt H. Meyer[1]), welcher zeigte, daß auch Phenoläther der Kuppelung fähig sind und daraus schloß, daß die Kuppelung auf einer Anlagerung der Diazoverbindung an die in den Phenolen vorhandene „aktivierte" konjugierte Doppelbindung beruht.

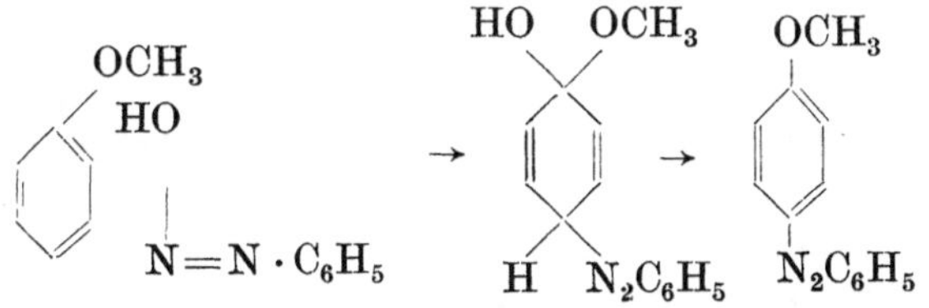

$$\text{OCH}_3 \quad \text{HO} \quad \text{OCH}_3 \quad \text{OCH}_3$$

Es gelang ihm, nachzuweisen, daß auch ungesättigte Kohlenwasserstoffe mit Diazoverbindungen zu Azokörpern gekuppelt werden können. So wurde aus β, γ-Dimethyl-α-γ-butadiën ein wohldefinierter Azokörper erhalten:

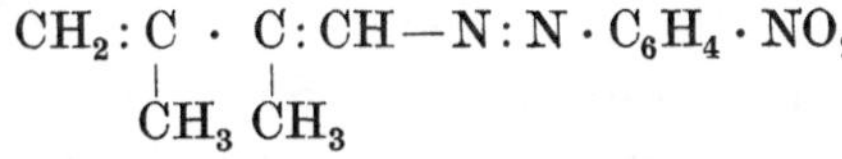

$$CH_2 : C \cdot C : CH - N : N \cdot C_6H_4 \cdot NO_2$$
$$\underset{CH_3}{|} \quad \underset{CH_3}{|}$$

Auwers und Michaelis[2]) und Karrer[3]) vertraten dagegen die Auffassung, daß auch bei Phenoläthern zunächst eine Anlagerung der Diazoverbindung an den Sauerstoff stattfindet und sich Zwischenprodukte mit vierwertigem Sauerstoff (und analog bei Aminen mit fünfwertigem Stickstoff) bilden, die sich dann in Azokörper umlagern. Eine gute Stütze hierfür bot die Beobachtung, daß bei Kuppelung der Phenoläther häufig Alkylgruppen abgespalten werden und ähnlich bei der Kuppelung von N-Diisoamylanilin[4]) stets eine Amylgruppe.

Die Ergebnisse der Versuche lassen sich dahin zusammenfassen, wie es auch schon K. H. Meyer getan hat[5]), daß für die Kuppelungsreaktion sicher beide Wege möglich sind: 1. Kuppelung durch Vermittlung von Sauerstoff und Stickstoff unter Bildung von Zwischenkörpern, 2. Kuppelung lediglich durch Addition an die Doppelbindung.

Ob echte Diazokörper (z. B. die Cyanide) direkt durch Substitution in Azofarbstoffe übergehen gemäß der Gleichung:

---

[1]) Kurt H. Meyer u. Lenhardt, Ann. **398**, 74 (1913); K. H. Meyer, Irschick u. Schlösser, Ber. **47**, 1741 (1914); K. H. Meyer, Ber. **52**, 1468 (1919)

[2]) Ber. **47**, 1275 (1914).

[3]) Ber. **48**, 1398 (1915).

[4]) Karrer, l. c.

[5]) Ber. **52**, 1471 (1919).

$$Ar \cdot N:N \cdot CN + H \cdot C_6H_4OH = CNH + Ar \cdot N:N \cdot C_6H_4OH$$

ist möglich, aber nicht notwendig. Denn auch hier könnte eine primäre Addition erfolgen, und der Kuppelungsvorgang analog der Reaktion zwischen manchen Diazocyaniden und Benzolsulfinsäuren verlaufen. Im letzteren Fall hat man nachgewiesenermaßen bisweilen[1]) folgende Phasen:

$$
\begin{array}{ccccc}
\text{Syn- u. Anticyanid} & & & & \text{Antisulfon} \\
Ar \cdot N:N \cdot CN & & Ar \diagdown \quad \diagup SO_2C_6H_5 & & Ar \cdot N:N \cdot SO_2C_6H_5 \\
+ & \rightarrow & \rangle N \cdot N \langle & \xrightarrow{(KOH)} & + \\
H \cdot SO_2C_6H_5 & & H \diagup \quad \diagdown CN & & H \cdot CN
\end{array}
$$

Somit könnte auch die Farbstoffbildung aus Diazokörpern ganz analog verlaufen:

$$
\begin{array}{ccccc}
\text{Syn- u. Anticyanid} & & & & \text{Antifarbstoff} \\
Ar \cdot N:N \cdot CN & & Ar \diagdown \quad \diagup C_6H_4OH & & Ar \cdot N:N \cdot C_6H_4OH \\
+ & \rightarrow & \rangle N \cdot N \langle & \rightarrow & + \\
H \cdot C_6H_4OH & & H \diagup \quad \diagdown CN & & H \cdot CN
\end{array}
$$

Die **raschere Kuppelung der Synkörper** kann bei Annahme direkter Substitution auf ihren größeren Energieinhalt und ihre dadurch bedingte größere allgemeine Reaktionsfähigkeit, bei Annahme von Addition zugleich auch darauf zurückgeführt werden, daß bei den plansymmetrischen Cis- und Synkörpern die Doppelbindung leichter gelöst wird, als bei den axialsymmetrischen sperrigeren Trans- und Antikörpern. —

Zu den bekannten Umwandlungen von Diazoaminokörpern in Aminoazokörper:

$$Ar \cdot N:N \cdot NHC_6H_5 \,, \; HX \; \rightarrow \; Ar \cdot N:N \cdot C_6H_4 \cdot NH_2 \,, \; HX$$

ist hier nur zu bemerken, daß die Geschwindigkeitskonstanten dieser katalytischen Vorgänge nach H. Goldschmidt[2]) dem Dissoziationsgrade der betreffenden Säuren in dem betreffenden Lösungsmittel proportional sind.

VI. Spaltungen der Diazokörper.

Die fast gleichzeitig mit den Diazokörpern entdeckte „typische Diazospaltung", die von hoher Bedeutung für die Synthese organischer Verbindungen ist, ist nur in einigen Fällen ein direkter intramolekularer Zerfall im Sinne der Gleichung:

---

[1]) Hantzsch, Ber. **31**, 639 (1898); vgl. Auwers u. Michaelis, Ber. **47**, 1287 (1914).

[2]) l. c.

$$(1) \quad Ar \cdot N_2 \cdot X = ArX + N_2 ;$$

meist vollzieht sie sich unter Mitwirkung eines zweiten Stoffes:

$$(2) \quad Ar \cdot N_2 \cdot X + HR = ArR + HX + N_2 .$$

Die **direkte Diazospaltung** nach Gleichung (1) **kommt den Syndiazokörpern, die indirekte Diazospaltung** nach Gleichung (2) **den Diazoniumsalzen zu**[1]).

Die direkte Spaltung der Syndiazokörper ist als Methode zu deren Konfigurationsbestimmung bereits früher behandelt. Nach ihr zerfallen z. B. die Syndiazosulfonate und die Syndiazocyanide folgendermaßen:

$$\begin{array}{ccc}
Ar \cdot N & Ar \quad N & Ar \cdot N \quad Ar \quad N \\
\| \rightarrow & | \quad \| & \| \rightarrow | + \| \| \\
KOSO_2 \cdot N & KO , SO_2 , N & CN \cdot N \quad CN \quad N
\end{array}$$

Die trockenen Sulfonate zerfallen häufig sehr rasch und manchmal explosionsartig, die Cyanide stets so langsam, daß man ihren Zerfall meist nur an dem von ihnen ausgehenden Geruch nach Benzonitrilen erkennt. Ihre Zerfallsgeschwindigkeit läßt sich aber, wie auch sonst häufig in der Diazoreihe, katalytisch beschleunigen, und zwar im vorliegenden Falle am besten durch sog. Gattermannsches Kupferpulver.

Auch **Diazohaloide** spalten sich direkt nach der Gleichung[2])

$$Ar \cdot N_2 \cdot (Cl, Br, J, SCN) = Ar (Cl, Br, J, SCN) + N_2$$

und zwar bisweilen mit einer bis zur Explosion sich steigernden Geschwindigkeit.

Da die Diazohaloide sich um so leichter zersetzen, je intensiver farbig sie sind, und da die farbigen Diazohaloide ihre Körperfarbe dem (mit farblosem Diazoniumhaloid zu einer festen Lösung verbundenen) Syndiazohaloid verdanken (s. S. 52), so ist der intramolekulare Zerfall der Diazohaloide auf das Syndiazohaloid als auf ein Halogenstickstoffderivat zurückzuführen:

$$\begin{array}{cc}
Ar \cdot N & Ar \quad N \\
\| \rightarrow & | + \| \| \\
(Br, SCN, J) \cdot N & (Br, SCN, J) \quad N
\end{array}$$

Wenn gegenüber den äußerst explosiven, stark farbigen Jodiden und den weniger explosiven und weniger farbigen Bromiden die farblosen Diazochloride kaum explosiv sind, so enthalten (oder

---

[1]) Hantzsch, Ber. **33**, 2517 (1900).
[2]) Vergl. Gattermann, Ann. **393**, 113 (1912).

bilden) sie eben nur minimale Mengen von Syndiazochlorid. Auch von dem (stets relativ langsamen) Zerfall solcher Chloride in Stickstoff und Chlorbenzole wird primär nur das Synchlorid und erst sekundär, wegen der durch dessen Zersetzung veranlaßten Störung des Gleichgewichtes und Neubildung des Synchlorids, schließlich das gesamte Diazochlorid betroffen werden.

Daß die „Syndiazohaloide" viel leichter zerfallen als die Syndiazocyanide, entspricht ganz der Unbeständigkeit der Bindung zwischen Stickstoff und Halogen, z. B. im Chlor- und Jodstickstoff gegenüber der Beständigkeit der Bindung zwischen Stickstoff und Cyan z. B. im Cyanamid $H_2N \cdot CN$.

Daß die Spaltung der Diazoniumsalze eine indirekte ist, also auf deren Reaktion mit einem zweiten Stoffe beruht, zeigen beispielsweise folgende bekannte Reaktionen:

$$Ar \cdot N_2 \cdot Cl + HOH \qquad = Ar \cdot OH \quad + HCl + N_2$$
$$Ar \cdot N_2 \cdot Cl + HOC_2H_5 \quad = Ar \cdot OC_2H_5 + HCl + N_2$$
$$Ar \cdot N_2 \cdot Cl + HOCOCH_3 = ArOCOCH_3 + HCl + N_2$$

Diese Reaktionen können nicht auf intermediärer Bildung einer anderen Diazoniumverbindung, also z. B. nicht auf der von Diazoniumhydrat oder Diazoniumalkoholat beruhen, das sich nach Art des Ammoniumhydrats zersetzen könnte. Denn solche Vorgänge wären danach in der ersten Phase Hydrolysen bzw. Alkoholysen:

$$\underset{\overset{\cdots}{N}}{Ar \cdot N \cdot Cl} \xrightarrow{nH_2O} \underset{\overset{\cdots}{N}}{Ar \cdot N \cdot OH + ClH} \;;\quad \underset{\overset{\cdots}{N}}{Ar \cdot N \cdot OH} \rightarrow \underset{N}{Ar \cdot OH + N}$$

Dann müßte natürlich die Phenolspaltung um so leichter verlaufen, je schwächer das betreffende Diazoniumhydrat ist. Tatsächlich ist sie aber von deren Affinitätskonstanten unabhängig: die Salze des sehr starken Trimethyldiazoniumhydrats werden z. B. sehr leicht, die des sehr schwachen Dibromdiazoniumhydrats fast gar nicht durch Wasser gespalten. Vor allem aber sollte in dem Umfange, als das basische Diazoniumhydrat durch Selbstzersetzung aus dem System verschwindet und freie Salzsäure zurückläßt, durch diese freie Säure die Hydrolyse und mit ihr die Zersetzungsgeschwindigkeit zurückgedrängt werden. Tatsächlich ist auch dies nicht der Fall. Denn die Diazospaltungen sind Prozesse erster Ordnung, ihre Geschwindigkeitskonstante ergibt sich aus einer Gleichung für monomolekulare Reaktionen:

$$K = \frac{1}{t} \, l \, \frac{a}{a-x}$$

Die Zerfallsgeschwindigkeit ist also in verdünnter wässeriger Lösung (trotz zunehmender Menge freier Säure) nur der Konzentration der unveränderten, dissoziierten, aber nicht hydrolysierten Diazoniumsalze, d. i. der Diazoniumionen proportional.

Die Zerfallsgeschwindigkeit von Diazoniumlösungen ist wiederholt bestimmt worden[1]). Für die Technik hat diese Frage großen Wert, da man natürlich möglichst haltbare Diazoniumlösungen zu erzielen sucht. Es ergab sich, daß die Zerfallsgeschwindigkeit in verdünnten wässerigen Lösungen unabhängig von der Wasserstoffionenkonzentration, vom Druck, von der Natur des Anions und von der Konzentration etwa zugesetzten Neutralsalzes ist. In konzentrierteren Lösungen steigt die Zersetzungsgeschwindigkeit etwas. Zugabe von freier Säure oder von Neutralsalzen wirken aber dieser Zersetzung entgegen und üben so eine schützende Wirkung aus. Freie salpetrige Säure zerstört die Diazoniumlösungen langsam, aber nicht katalytisch, sondern durch aktive Beteiligung an der Zersetzung. Eigentümlich ist, daß Diazoniumchloride erst nach längerem Verweilen im Exsiccator oder nach Überleiten von trockner Luft die maximalen Werte der Zersetzungsgeschwindigkeit in wässeriger Lösung zeigen. Frische Präparate zersetzen sich langsamer[2]). Eine Erklärung dafür steht noch aus. In wässerig-alkoholischer Lösung verändern schon geringe Mengen von freier Säure Art und Geschwindigkeit der Zersetzung[3]).

Die Spaltung von Diazoniumsalzen durch Hydroxylverbindungen (Wasser, Alkohol, Eisessig) führt also in normaler Weise, als Hauptreaktion, zu Phenolderivaten und ist danach (unter Auslassung der Zwischenphasen) folgendermaßen zu formulieren:

$$
\begin{array}{lll}
\text{Ar} & (\text{OH}, \text{OCH}_3, \text{OCOCH}_3) & \text{Ar}-(\text{OH}, \text{OCH}_3, \text{OCOCH}_3)\\
| & | & \\
\text{N}{\equiv}\text{N}+ & | & \rightarrow \quad \text{N}{\equiv}\text{N}\\
| & | & \\
\text{Cl} & \text{H} & \text{Cl}-\text{H}
\end{array}
$$

---

[1]) Hantzsch u. Osswald, Ber. **33**, 2517 (1900); Cain u. Nicoll, Journ. Chem. Soc. **81**, 1412 (1902); **83**, 470 (1903); Schwalbe, Ber. **38**, 2196, 3071 (1905); Cain, Ber. **38**, 2511 (1905); Euler, Ann. **325**, 295 (1902); Hantzsch u. Thompson, Ber. **41**, 3519 (1908).

[2]) Hantzsch u. Thompson, l. c.

[3]) Euler, l. c.

Fast stets finden jedoch noch **Nebenreaktionen** statt, teils durch Wirkung der frei werdenden Säure auf das noch unveränderte Diazoniumsalz, die mit zunehmender Menge der Salzsäure bzw. zunehmender Konzentration immer mehr zu Chlorbenzolen führt[1]):

$$\begin{array}{ccc} Ar & Cl & Ar-Cl \\ | & | & | \\ N\!\equiv\!N+ & | \rightarrow & N\!\equiv\!N \\ | & | & | \\ Cl & H & Cl-R \end{array}$$

teils durch Anlagerung des mit dem Diazoniumsalz reagierenden Stoffs HR im umgekehrten Sinne,

$$\begin{array}{ccc} Ar & H & Ar-H \\ | & | & | \\ N\!\equiv\!N+ & | \rightarrow & N\!\equiv\!N, \\ | & | & | \\ Cl & R & Cl-R \end{array}$$

wobei aber die Zersetzung begreiflicherweise nur dann eintritt, wenn die Gruppe R leicht oxydierbar ist. Dies gilt vor allem für die **Zersetzung durch Alkohole.** Die normale Hauptreaktion führt (durch Vermittlung der Syndiazoäther) zu Phenoläthern (1), die Nebenreaktion zu Kohlenwasserstoffen und Aldehyden (2):

$$\begin{array}{cc} (1) & (2) \end{array}$$

$$\begin{array}{cccccc} Ar & OC_2H_5 & Ar-OC_2H_5 & Ar & H & Ar-H \\ | & | & | & | & | & | \\ N\!\equiv\!N+ & | \rightarrow & N\!\equiv\!N & N\!\equiv\!N+ & | \rightarrow & N\!\equiv\!N: \\ | & | & | & | & & \\ Cl & H & Cl-H & Cl & C_2H_5O & ClH,\ C_2H_4O \end{array}$$

In der Tat ist die Bildung von Phenoläthern die normale Reaktion; denn sie findet schon überwiegend bei einwertigen Alkoholen[2]), bei mehrwertigen Alkoholen, z. B. Glycerin[3]), aber ausschließlich statt.

Die Bildung von Benzolkohlenwasserstoffen tritt nur bei negativ substituierten Diazoniumsalzen in den Vordergrund, nimmt aber mit zunehmender Zahl der negativen Gruppen schließlich so sehr überhand, daß z. B. Tribromdiazoniumsalze selbst durch sehr verdünnten Alkohol (fast) ausschließlich Tribrombenzol liefern.

Die meisten anderen Diazospaltungen, z. B. die Übergänge von Diazoniumsalzen in Thiophenole[4]) (namentlich unter Vermittlung von Xanthogensäurerestern)[5]) dürften ähnlich zu erklären sein.

[1]) Vergl. Gasiorowski u. Woyes, Ber. **18**, 1936 (1885).
[2]) Ber. **34**, 3337 (1901); **35**, 998 (1902).
[3]) Hantzsch u. Vock, Ber. **36**, 2061 (1903).
[4]) P. Klason, Ber. **20**, 349 (1887).
[5]) Leuckart, J. pr. Chem. **41**, 184 (1890).

Die „Sandmeyerschen Reaktionen"[1] — welche die Diazospaltung durch Anwesenheit von Cuproverbindungen beschleunigen oder direkt veranlassen und deren wichtigste die direkte Überführung von Diazoniumsalzen durch eine Kupfervitriol-Cyankaliummischung in Benzonitrile ist (Ersatz der Diazogruppe durch Cyan)[2] — beruhen wenigstens zum Teil sicher auf der vorherigen Bildung farbiger Cupro-Diazo-Doppelverbindungen, die analog den festen farbigen Diazohaloiden wohl infolge ihres Gehaltes an Syndiazohaloiden besonders leicht zerfallen. Da hierbei vorwiegend nicht das am Diazonium haftende Halogen, sondern das vorher am Kupfer gebundene Halogen sich mit dem Benzolrest vereinigt[3]:

$$Ar \cdot N_2 \cdot X + CuY \rightarrow CuX + ArY + N_2$$

so lassen sich auch diese Spaltungen, ähnlich wie oben, also z. B. für ArN_2Br und $CuCl$ sowie für ArN_2Cl und $CuBr$ folgendermaßen darstellen:

$$
\begin{array}{ccccc}
Ar & Cl & Ar-Cl & Ar & Br & Ar-Br \\
| & | & & | & | & \\
N\equiv N+ & | \rightarrow N\equiv N\,; & & N\equiv N+ & | \rightarrow N\equiv N \\
| & | & & | & | & \\
Br & Cu & Br-Cu & Cl & Cu & Cl-Cu
\end{array}
$$

Der Verlauf der Sandmeyerschen Reaktionen ist jedoch nicht so einfach. Heller[4] gelang es zwar, die Reaktion in einigen Fällen so auszuarbeiten, daß sie annähernd quantitativ verläuft. Die genauen kinetischen Messungen von Waentig und Thomas[5] zeigten aber, daß die Reaktion nicht monomolekular (unter der Annahme, daß die eigentlich meßbare Reaktion der Zerfall der Cupro-Diazo-Doppelverbindung ist) verläuft, daß vielmehr die Säurekonzentration einen erheblichen Einfluß auf die Umsetzungsgeschwindigkeit hat — ganz im Gegensatz zu der oben geschilderten einfachen Phenolspaltung der Diazoniumverbindungen.

---

[1] Sandmeyer, Ber. **17**, 1633, 2650 (1884); Ber. **18**, 1492, 1496 (1885), **23**, 1880 (1890); Zenisek, Z. f. Elektroch. **5**, 485 (1899); Vesely, Ber. **38**, 136 (1905); Angeli, Gazz. chim. **21**, 2, 285 (1891); Tobias, Ber. **23**, 1628 (1890); Erdmann, Ann. **272**, 141 (1893); Heller, Z. f. angew. Ch. **23**, 389 (1910); Ber. **44**, 250 (1911); Waentig u. Thomas, Ber. **46**, 3923 (1913).

[2] Sandmeyer, Ber. **20**, 1495 (1887); **23**, 1630 (1890).

[3] Hantzsch u. Blagden, Ber. **33**, 2545 (1900).

[4] Zeitschr. f. angew. Chem. **23**, 389 (1910); daselbst Literaturübersicht; Heller u. Tischner, Ber. **44**, 250 (1911).

[5] Ber. **46**, 3923 (1913).

Auch bei der von Sandmeyer entdeckten Umwandlung von Diazoniumsalzen in Nitrobenzole[1]) dürften Doppelverbindungen eine Rolle spielen, zumal z. B. das Doppelsalz Diazoniumnitrat-Quecksilbernitrit $(ArN_2 \cdot NO_3)_2 \cdot Hg(NO_2)_2$ hierbei fast glatt Nitrobenzol liefert[1]).

Die „Gattermannschen Reaktionen"[2]) — ein Spezialfall der Sandmeyerschen — beruhen auf Ersatz der Cuproverbindungen durch Kupferpulver; sie wirken anscheinend meist rein katalytisch, wobei jedoch eine aktive Beteiligung des Katalysators sehr wohl möglich ist; so beim Übergang von Diazohaloiden in Halogenbenzole und von Syndiazocyaniden in Cyanbenzole: vielleicht auch beim Übergang von Diazosalzen durch Kaliumcyanat in Phenylisocyanat[3]):

$$ArN_2Cl + KOCN \;(+Cu) \;\rightarrow\; Ar \cdot N:CO + KCl + N_2$$

Auch die arsenige Säure läßt sich so in den Benzolkern einführen[4])

$$Ar \cdot N_2 \cdot OH + Na_3AsO_3 = Ar \cdot AsO\,(ONa)_2 + N_2 + NaOH\,.$$

Bisweilen tritt auch eine reduzierende Wirkung des Kupfers bzw. der Cuproverbindungen hinzu; so z. B. bei der Nebenreaktion welche aus Diazohaloiden Azokörper erzeugt:

$$2\,Ar \cdot N_2 \cdot Cl + CuCl = 2\,CuCl_2 + Ar \cdot N:N \cdot Ar + N_2$$

und bei der Umwandlung von Diazoniumsalzen in Benzolsulfinsäuren nach Gattermann:

$$Ar \cdot N_2 \cdot SO_4H + SO_2 + Cu = Ar \cdot SO_2H + SO_4Cu + N_2$$

Noch weniger ihrem Verlaufe nach bekannt sind die Umwandlungen (Reduktionen) von Diazokörpern in Diphenylkörper unter verschiedenen Bedingungen, die man empirisch meist unter das Schema

$$2\,Ar \cdot N_2 \cdot X + 2\,R = 2\,RX + Ar \cdot Ar + 2\,N_2$$

bringen kann. Die Reduktion normaler Diazolösungen zu Kohlenwasserstoffen durch Zinnchlorür in alkalischer Lösung könnte vielleicht auf einer Reduktion zu Phenyldi-imin[5]) beruhen, welches spontan Stickstoff abspaltet (s. S. 92 und 114):

$$C_6H_5 \cdot N:NH \;\rightarrow\; C_6H_6 + N_2\,.$$

------

[1]) Ber. **20**, 1495 (1887); **23**, 1630 (1890).

[2]) Gattermann, Ber. **23**, 738, 1218, 1223 (1890); **25**, 1086 (1892); **32**, 1136 (1899); Landsberg, Ber. **23**, 1454 (1890); Ullmann, Ber. **29**, 1878 (1896); Ann. **332**, 38 (1904); Vorländer u. F. Meyer, Ann. **320**, 122 (1902); Ullmann u. Frentzel, Ber. **38**, 725 (1905).

[3]) Gattermann, Ber. **25**, 1086 (1892).

[4]) Bart, D.R.P. 250264 u. 254092 (1912); Jahres-Bericht d. chem. Techn. **58**, 137, 138 (1912); Chem. Centr. 1912 II 882, 1913 I 196; Vgl. Kalb, Ann. 423, 53 (1921).

[5]) St. Goldschmidt. Ber. **46**, 1529 (1913).

B. Nicht der Benzolreihe zugehörige Diazokörper.

Die Diazotierbarkeit galt lange Zeit für eine Spezialreaktion der aromatischen Basen. Nur die den Aminobenzolen noch am nächsten stehenden heterocyclischen Aminoderivate des Thiazols[1]), Triazols[2]), Tetrazols[3]), Pyridins[4]), Antipyrins[5]), Uracils[6]), Coffeins[7]) usw. bilden wenigstens in stark saurer Lösung partiell Diazoniumsalze. Solche Diazolösungen kuppeln mit Phenolen (also z. B. zu Thiazol-azo-naphthol) und spalten sich auch in typischer Weise, wobei sie jedoch in der (zu ihrer Existenz notwendigen) stark salzsauren Lösung nicht in Hydroxylderivate, sondern meist in Chlorderivate (Chlorthiazole usw.) übergehen.

Echte aliphatische Amine lassen sich dagegen nicht diazotieren; wenigstens konnte bisher aus keinem Alkylammoniumsalz ein fettes Diazoniumsalz $CnH_{2n-1} \cdot (N \equiv N)X$ gewonnen werden[8]). Fette Amine bilden relativ beständige Nitrite; die aus diesen eventuell gebildeten Diazokörper (bzw. Diazoniumsalze) zerfallen spontan, meist analog der Phenolspaltung, in Alkohole.[9]) Nach

---

[1]) Hantzsch u. Traumann, Ber. **21**. 939 (1888): Traumann, Ann. **249**, 39 (1888); Popp, Ann. **250**, 273 (1889); Wohmann, Ann. **259**, 277 (1890); Schatzmann, Ann. **261** (1891); Näf, Ann. **265**, 108 (1891); Morgan u. Morrow, J. Chem. Soc. **107**, 1291 (1915).

[2]) Thiele u. Schleusser, Ann. **295**, 129 (1897); Dimroth, Ann. **364**, 187 (1908). — Thiele u. Manschot, Ann. **303**, 40, 50 (1898).

[3]) Thiele, Ann. **270**, 13, 60 (1892); Thiele u. Marais, Ann. **273**, 144 (1893); Thiele u. Ingle, Ann. **287**, 243 (1895); K. A. Hofmann, Hock u. Roth, Ber. **43**, 1091 (1910).

[4]) Marckwald, Ber. **27**, 1317, 1322, 1327 (1894); Mohr, Ber. **31**, 2495 (1898).

[5]) Knorr u. Stolz, Ann. **293**, 67 (1896); Michaelis, Ann. **350**) 290. 305, 317 (1906); Stolz, Ber. **41**, 3852 (1908); Morgan u. Reilly, J. Chem. Soc. **103**, 808, 1494 (1913); **105**, 435 (1914).

[6]) Behrend, Ann. **245**, 213 (1888); Behrend u. Ernert, Ann. **258**, 347 (1890).

[7]) Gomberg, Americ. chem. J. **23**, 51 (1899); C. C. 1900, I, 407.

[8]) Vgl. Hantzsch u. Lifschitz, Ber. **45**, 3015 (1912). Das Guanidin-diazonium-nitrat von Thiele (Ann. **270**, 10 [1892]) hat sich als das salpetersaure Salz des Carbamid-imid-azids (s.u.) erwiesen (Hantzsch u. Vagt, Ann. **314**, 339 [1901])

[9]) Bezüglich der hierbei mitunter auftretenden Umlagerungen vgl. Wolff, Ann. **394**, 28 (1912).

H. Euler[1]) ist die Reaktion von salpetriger Säure auf Amine zwar auch von zweiter Ordnung, aber von viel geringerer Geschwindigkeit als die der Anilinbasen. Wenn demnach bisher auch keine Diazoniumverbindungen der Fettreihe dargestellt worden sind, so sind doch eine große Reihe von Diazokörpern der Fettreihe bekannt geworden; sie lassen sich in 2 Gruppen teilen, in offene und ringförmige Diazoverbindungen:

$$>\!\!C-N\!=\!N\cdot X \qquad\qquad >\!\!C<\begin{smallmatrix}N\\ \|\\ N\end{smallmatrix}$$

offene
Diazoverbindungen   ringförmige
Diazoverbindungen

I. Offene Diazoverbindungen der Fettreihe.

Offene Diazokörper der Fettreihe $Alph \cdot N : N \cdot R$ existieren zwar in verschiedenen Typen, sind aber wenig zahlreich und meistens sehr zersetzlich. Die einfachsten Repräsentanten, das Kalium - methyldiazotat (Azotat) $CH_3 \cdot N:N \cdot OK (+H_2O)$ und Benzyldiazotat $C_6H_5 \cdot CH_2 \cdot N:N \cdot OK (+ H_2O)$ wurden zuerst von Hantzsch und Lehmann[2]) gewonnen. Dieselben entstehen aus Nitroso-methylurethan und konzentrierten Alkalien als farblose Salze, die durch Wasser explosionsartig in Alkalien und Diazomethan zerfallen. Wegen dieser Reaktion und ihrer Unbeständigkeit sind sie vielleicht als Syndiazotate aufzufassen, wonach ihre Bildung und Zersetzung folgendermaßen verlaufen würde:

$$\begin{matrix}CH_3\\ |\\ N-NO\\ |\\ COOC_2H_5\end{matrix} \xrightarrow[\text{Konz}]{\text{KOH}} \begin{matrix}CH_3OK\\ |\quad\ |\\ N=N\\ COOC_2H_5\cdot OK\end{matrix} \xrightarrow{H_2O} \begin{matrix}CH_2\\ \diagup\diagdown\\ N=N\end{matrix}+KOH$$

Später hat Thiele[3]) Natriumdiazotate erhalten durch Einwirkung von Nitrosohydrazinen auf Alkylnitrit und Natriummethylat:

$$\begin{matrix}NO\\ |\\ CH_3-N-NH_2\end{matrix} \xrightarrow[\text{NaOH}]{\text{ONO}\cdot R} CH_3-N=N\cdot ONa + N_2O + ROH,$$

ferner[4]) auch durch Reduktion von Alkylnitramiden in alkalischer Lösung:

---

1) Ann. **325**, 292 (1902); **330.** 280 (1904).
2) Ber. **35,** 901 (1902).
3) Ber. **41,** 2810 (1908); Ann. **376,** 252 (1910).
4) Thiele u. Meyer, Ber. **29,** 961 (1896).

$$R \cdot N = NO \cdot ONa \xrightarrow{H_2} R - N = NONa + H_2O$$

Diese Natriumsalze erwiesen sich sehr viel beständiger als die oben angeführten auf anderem Wege erhaltenen Kaliumsalze. Das Natriummethyldiazotat bildet erst in Berührung mit Säuren Diazomethan (durch Oxydation geht es in Methylnitramin über); das Natriumbenzyldiazotat ist gegen Wasser beständig. Durch Säuren wird Stickstoff abgespalten unter Bildung von Benzylalkohol. Es ist nicht unwahrscheinlich, daß das unterschiedliche Verhalten dieser Kalium- und Natriumsalze wiederum auf räumliche Isomerie zurückzuführen ist, wonach die Kaliumsalze als Syn-, die Natriumsalze als Antidiazotate erscheinen würden[1]):

$$\begin{array}{cc} CH_3-N & CH_3-N \\ \| & \| \\ KO-N & N-ONa \end{array}$$

Kaliummethylsyndiazotat   Natriummethylantidiazotat

Ein Derivat des Benzyldiazotates ist von Oppé[2]) durch vorsichtige Einwirkung von Natriumalkoholat auf Nitrosophthalimidin erhalten worden. Die entstehende Verbindung, das Diazotat der o-Toluylsäure (bzw. ihres Esters) entwickelt mit Wasser Stickstoff und geht durch Einwirkung von trockener Kohlensäure in α-Diazo-ortho-Toluylsäureester über:

Alle diese Diazotate der Fettreihe sind farblose Verbindungen. Werden die Alkyle durch heterocyclische Reste vertreten, so resultieren beständigere Diazotate, wie zum Beispiel die sehr beständigen Salze des Diazotetrazols[3]) $CN_4H \cdot N:N \cdot OMe$. Es ist anzunehmen, daß die freien Diazohydroxyde $R-N = N-OH$ allgemein als sehr unbeständige Zwischenstufen bei der Bildung ringförmiger Diazokörper der Fettreihe aus Amin und salpetriger Säure auftreten:

---

[1]) Vgl. H. Wieland, Die Hydrazine, Stuttgart 1913, S. 115.
[2]) Ber. 46, 1095 (1913).
[3]) Thiele u. Marais, Ann. 273, 147 (1893).

$$>CH-N=N-OH \;\rightarrow\; >C\!\!<^{N}_{N}\!\!\parallel\;+H_2O\,.$$

Die **Diazoalkylsulfosäuren** sind die zuerst aufgefundenen Repräsentanten der fetten Diazoverbindungen und wurden von **Emil Fischer**[1]) in Gestalt von Diazoäthan-sulfosauren Salzen $C_2H_5 \cdot N : N \cdot SO_3Me$ durch Oxydation hydrazinsulfosaurer Salze gewonnen. Sie dürften wie die Diazosulfonsäure aus Tetronsäure[2]) wegen ihrer relativen Beständigkeit der Antireihe angehören.

Diazohydrate und primäre Nitrosamine. Aus den oben erwähnten heterocyclischen Diazoniumsalzlösungen werden durch Alkalien gelbe, meist sehr unbeständige Verbindungen $R \cdot N_2OH$ gefällt, die sich genau wie die Phenylnitrosamine als Pseudosäuren verhalten[3]), also heterocyclische primäre Nitrosamine $R \cdot NH \cdot NO$ sind.

Einen ausgesprochenen Tautomeriefall bietet in der Fettreihe das von **Thiele**[4]) entdeckte Nitrosourethan dar, dem der Entdecker die Formel $C_2H_5O \cdot CO \cdot NH \cdot NO$ zuerteilte. Da die Substanz eine ausgesprochene Säure ist und nicht dem Typus der neutralen primären Nitrosamine entspricht, legte **Hantzsch**[5]) ihr zunächst die Diazohydratformel $C_2H_5O \cdot CO \cdot N : N \cdot OH$ bei, während **Brühl**[6]) eine Ringformel $C_2H_5O \cdot CO-NH : N$ befür-
$$\diagdown O \diagup$$
wortete, die den chemischen Eigenschaften der Substanz aber wenig gerecht wird. Schließlich zeigten eingehende optische Untersuchungen von **Hantzsch** und **Lifschitz**[7]), daß die Substanz in Lösung sich in einem von der Konzentration abhängigem Isomeriegleichgewicht zwischen den Formen $R-NH \cdot NO \leftrightarrows R \cdot N : N \cdot OH$ befindet, das mit steigender Verdünnung sich deutlich nach der Seite der Hydroxylform verschiebt. Die Absorption des Nitrosourethans liegt nämlich in der Mitte zwischen der der beiden isomeren Alkylderivate, also zwischen der des Diazoesters-(o-Esters) $C_2H_5O \cdot CO \cdot N : NOCH_3$ und der des Nitroso-methyl-

---

[1]) Ann. **199**, 302 (1879).
[2]) Wolff, Ann. **312**, 123 (1900).
[3]) Hantzsch u. Engler, Ber. **32**, 1710 (1899); vergl. Wohmann, Ann. **259**, 282 (1890).
[4]) Ann. **288**, 278, 304 (1895); **302**, 247 (1898).
[5]) Ber. **32**, 1706, 3148 (1899).
[6]) Ber. **32**, 2177 (1899); **35**, 1148 (1902).
[7]) Ber. **45**, 3033 (1912).

urethans (N-Esters) $C_2H_5O \cdot CO \cdot N(CH_3) \cdot NO$. Die Absorption spricht dafür, daß die Salze und Ester des Nitrosourethans der Anti - Reihe im Sinne der Formel

$$C_2H_5O \cdot CO \cdot N$$
$$\| \quad\quad$$
$$N \cdot O(CH_3,\ Na)$$

angehören.

Diazoaminoverbindungen der Fettreihe lassen sich allgemein darstellen aus Estern der Stickstoffwasserstoffsäure (Aziden) durch Aufspaltung des Stickstoffdreirings. Die erste Verbindung derart erhielt Thiele[1]) durch Anlagerung von Cyankalium auf mit salpetriger Säure behandeles Amido-guanidin. Die letztere Verbindung hatte Thiele allerdings als „Diazoguanidin" aufgefaßt; nach den Untersuchungen von Hantzsch und Vagt[2]) ist sie jedoch ein Azid (Carbamidimidazid), so daß sich die Umsetzung mit Cyankalium folgendermaßen formuliert:

$$\begin{array}{l}HN\\H_2N\end{array}\!\!\!\diagdown C - N\!\!\diagup\!\!\begin{array}{c}N\\ \| \\ N\end{array} + HCN = \begin{array}{l}HN\\H_2N\end{array}\!\!\!\diagdown C - NH \cdot N = N \cdot CN$$

Diazoguanidin-cyanid
(Cyan-azo-guanidin)

Ganz analog läßt sich ein Diazoharnstoffcyanid $NH_2 \cdot CO \cdot NH \cdot N : N \cdot CN$ aus Carbamidazid herstellen. Durch Addition an die Cyangruppe liefern diese Cyanide ganz ähnliche Produkte wie die Diazobenzolcyanide, z. B. $R \cdot NH \cdot N : CO \cdot NH_2$, $R \cdot NH \cdot N : N \cdot COOC_2H_5$ u. a.

Analog haben Wolff und Lindenhayn[3]) durch Addition von Cyankalium an Diazobenzolimid fettaromatische Diazoamidoverbindungen

$$C_6H_5 \cdot N\!\!\diagup\!\!\begin{array}{c}N\\ \| \\ N\end{array} + HCN = C_6H_5 \cdot N : N \cdot NH \cdot CN$$

erhalten, wie schon oben erwähnt wurde (s. S. 65).

Verwandt hiermit ist Dimroths[4]) allgemeine Methode zur Darstellung von Diazoaminoverbindungen, die auf der Einwirkung von Organomagnesiumverbindungen auf Aziden

---

[1]) Thiele u. Osborne, Ann. **305**, 64 (1899).
[2]) Ann. **314**, 340 (1901).
[3]) Ber. **37**, 2374 (1904).
[4]) Ber. **36**, 1909 (1903); **38**, 670 (1905); **39**, 3905 (1906).

$$R-N{\overset{N}{\underset{N}{\,\|}}} + Mg{\overset{Hal}{\underset{R_1}{\,}}} \rightarrow R-NH-N=N-R_1$$

beruht (vgl. S. 65). **Dimroth** gelang es auf diese Weise, neben fettaromatischen Diazoaminoverbindungen, wie Methylphenyl-triazen $C_6H_5 \cdot NH \cdot N : N \cdot CH_3$, Äthyl-phenyltriazen $C_6H_5 \cdot NH \cdot N : N \cdot C_2H_5$, Benzyl-phenyltriazen $C_6H_5 \cdot NH \cdot N : N \cdot CH_2 \cdot C_6H_5$ auch rein aliphatische Diazoaminoverbindungen herzustellen, wie Methyl-benzyl-triazen $CH_3 \cdot N : N \cdot NH \cdot CH_2 \cdot C_6H_5$ und schließ-lich die einfachste Diazoaminoverbindung, das Dimethyl-triazen $CH_3 \cdot N : N \cdot NH \cdot CH_3$ (wasserhelles Öl). Alle diese Verbindungen sind farblos und sehr zersetzlich, die niedrigsten Glieder werden schon durch kohlensäurehaltiges Wasser zerlegt. Sie sind gleich den aromatischen Vertretern zur Bildung von Metallsalzen be-fähigt, von denen besonders das Cuprosalz sehr charakteristisch ist.

Einen Vertreter der Diazoaminoverbindungen mit rein hetero-cyclischen Gruppen bildet das Diazoamidotetrazol (Ditetrazyl-triazen)

$$\overset{N-NH}{\underset{N-N}{\,}}{>}C-NH-N=N-C{<}\overset{NH-N}{\underset{N-N}{\,}}$$

welches K. A. **Hofmann**[1]) durch Einwirkung von salpetriger Säure auf Amino-guanidin in essigsaurer Lösung erhielt.

Als eine Diazoaminoverbindung der Fettreihe bzw. als cyklische Diazoaminoverbindung kann man nach **Dimroth**[2]) das 1-Phenyl-5-amino-triazol (I) betrachten. Es lagert sich leicht in das 5-Ani-lino-triazol (II) um,

$$\text{I.}\quad \overset{CH=\!=\!=C}{\underset{N=N-N\ NH_2}{\,}}\ \rightarrow\ \overset{CH=\!=\!=C}{\underset{N=N-NH\ NHC_5H_6}{\,}}\quad \text{II.}$$
$$\underset{C_6H_5}{\,}$$

eine Umwandlung, die der bei offenen Diazoamidokörpern be-obachteten Wanderung von Diazogruppen (s. S. 68) ganz analog ist.

II. Azoverbindungen der Fettreihe.

Azoparaffine sind in größerer Zahl bekanntgeworden. Ihre Beständigkeit hängt ganz außerordentlich vom Charakter der

---

[1]) K. A. Hofmann u. Hock, Ber. **43**, 1866 (1910); **44**, 2955 (1911).
[2]) Ann. **364**, 183 (1908).

Substituenten ab. Sie können sich einerseits in Hydrazone umlagern:

$$-\text{CH}-\text{N}=\text{N}- \; \rightarrow \; \text{C}=\text{N}-\text{NH}- \; ,$$

andererseits unter Stickstoffabspaltung zerfallen

$$\text{R}-\text{N}=\text{N}-\text{R}_1 \; \rightarrow \; \text{R}-\text{R}_1+\text{N}_2 \, ,$$

wobei gewöhnlich die vorher am Stickstoff gebundenen Radikale
sich vereinigen. Sie entstehen durch Oxydation symmetrischer
Hydrazine, teilweise auch bei der Oxydation bestimmter Harn-
stoffderivate. Es seien genannt:

Azomethan[1]), $\text{CH}_3 \cdot \text{N} = \text{N} \cdot \text{CH}_3$, farbloses Gas, in flüssiger
Form etwas gelblich, zerfällt bei hoher Temperatur in Äthan und
Stickstoff $\text{CH}_3\text{N} : \text{NCH}_3 \rightarrow \text{CH}_3 \cdot \text{CH}_3 + \text{N}_2$, wird durch Säuren
in Formaldehyd und Methylhydrazin gespalten, so daß inter-
mediär eine Umwandlung in Formaldehyd-methylhydrazon angenommen werden muß:

$$\text{CH}_3 \cdot \text{N} : \text{N} \cdot \text{CH}_3 \rightarrow \text{CH}_2 : \text{N} \cdot \text{NHCH}_3 \rightarrow \text{CH}_2\text{O} + \text{NH}_2 \cdot \text{NHCH}_3 \, .$$

Azo - ω - toluol[2]), $\text{C}_6\text{H}_5 \cdot \text{CH}_2 \cdot \text{N} : \text{N} \cdot \text{CH}_2 \cdot \text{C}_6\text{H}_5$, farblos, mit
analoger Umwandlung in Dibenzyl und Stickstoff oder in das
Benzal-benzylhydrazon $\text{C}_6\text{H}_5\text{CH}_2 \cdot \text{NH} \cdot \text{N} : \text{CH} \cdot \text{C}_6\text{H}_5$.

Phenylazomethan[3]), $\text{C}_6\text{H}_5 \cdot \text{N} : \text{N} \cdot \text{CH}_3$,

Phenylazoäthan[4]), $\text{C}_6\text{H}_5 \cdot \text{N} : \text{N} \cdot \text{C}_2\text{H}_5$, gelb, wird durch
Säuren und Alkalien[5]) zum Acetaldehyd-phenylhydrazon C_6H_5
$\cdot \text{NH} \cdot \text{N} : \text{CH} \cdot \text{CH}_3$ umgelagert.

Phenylazo - phenylmethan[6]), $\text{C}_6\text{H}_5 \cdot \text{N} : \text{N} \cdot \text{CH}_2 \cdot \text{C}_6\text{H}_5$,
gelb, wird sehr schnell zu Benzal-phenylhydrazon $\text{C}_6\text{H}_5 \cdot \text{NH}$
$\text{N} : \text{CH} \cdot \text{C}_6\text{H}_5$ umgelagert. — Bemerkenswert sind noch folgende
Azosäuren:

Azo-dicarbonsäure[7]), $\text{HOOC} \cdot \text{N} : \text{N} \cdot \text{COOH}$, nur in ihren gelben
Salzen beständig, zerfällt in freier Form in Stickstoff, Kohlenoxyd
und Kohlensäure. Organische Derivate der Säure dagegen sind

---

[1]) Thiele, Ber. **42**, 2578 (1909).
[2]) Thiele, Ann. **376**, 265 (1910).
[3]) Tafel, Ber. **18**, 1742 (1885).
[4]) E. Fischer u. Ehrhard, Ann. **199**, 328 (1879); Ber. **29**, 794 (1896).
[5]) Bamberger, Ber. **36**, 56 (1903).
[6]) Thiele, Ann. **376**, 267 (1910).
[7]) Thiele, Ann. **271**, 130 (1892).

beständiger, wie Azodicarbonsäureester[1]), $C_2H_5OCO \cdot N : N \cdot COOC_2H_5$, Azodicarbon-amid $NH_2 \cdot CO \cdot N : N \cdot CO \cdot NH_2$[2]), Azodicarbon-amidin[3]), Azoisobuttersäure[4]) $HOOC(CH_3)_2C \cdot N : N \cdot C(CH_3)_2COOH$ (nur in Salzform beständig), Azoisobuttersäurenitril[4]). — Aus den Salzen der Azodicarbonsäure versuchte Thiele vergeblich, durch Kohlendioxydabspaltung zum Di-imid (Azo-Wasserstoff), $NH : NH$, der Muttersubstanz der Azo- und Diazokörper zu gelangen[5]). Es ist anzunehmen, daß das entstehende Di-imid sofort freiwillig in Stickstoff und Hydrazin oder Wasserstoff zerfällt,

$$2\,HN:NH \;\rightarrow\; N_2 + H_2N \cdot NH_2; \quad HN:NH \;\rightarrow\; N_2 + H_2$$

denn bei allen solchen Reaktionen, wo Di-imid auftreten sollte, werden dafür diese beiden Spaltstücke erhalten[6]).

Azokörper mit heterocyclischen Resten hat Thiele dargestellt: Azotriazol[7]) und Azotetrazol[8]) (letzteres nur in Form der Metallsalze beständig),

$$
\begin{matrix}
N-NH \\
\| \qquad\quad >C-N=N-C< \\
HC-N
\end{matrix}
\begin{matrix}
NH-N \\
\| \\
N-CH
\end{matrix}
\qquad
\begin{matrix}
N-N \\
\| \\
N-NH
\end{matrix}
\begin{matrix}
\quad>C-N=N-C< \\
\end{matrix}
\begin{matrix}
N-N \\
\| \\
NH-N
\end{matrix}
$$

Azotriazol   Azo-tetrazol

entstehen beide durch Oxydation von Amido-triazol resp. Amido-tetrazol in alkalischer Lösung durch Permanganat. — Schließlich können die aus sekundären Hydrazinen $R_2N \cdot NH_2$ durch Oxydation erhaltenen Tetrazone $R_2N \cdot N : N \cdot NR_2$ ebenfalls als fette Azokörper gelten.

III. Ringförmige Diazokörper $\dfrac{R}{R_1} {>} C {<}^{N}_{\,\|\,N}$.

a) Darstellung, Eigenschaften, Reaktionen.

Die ringförmigen Diazokörper sind nur bei aliphatischen oder hydroaromatischen Verbindungen möglich, da die beiden Stick-

[1]) Curtius u. Heidenreich, Ber. **27**, 773 (1894); Diels u. Fritzsche, Ber. **44**, 3018 (1911).

[2]) Thiele, Ann. **270**, 42 (1892).

[3]) Thiele, Ann. **270**, 40 (1892).

[4]) Thiele u. Heuser, Ann. **290**, 37, 30, (1896).

[5]) Thiele, Ann. **271**, 134 (1892).

[6]) Vgl. Raschig, Z. f. angew. Chem. **1910**, 972; St. Goldschmidt, Ber. **46**, 1529 (1913).

[7]) Thiele u. Manchot, Ann. **303**, 47 (1898).

[8]) Thiele, Ann. **303**, 57 (1898).

stoffatome z w e i Wertigkeiten des Kohlenstoffatomes beanspruchen, an dem sie sitzen. Der erste Repräsentant dieser Körperklasse ist von Curtius[1]) in Form des Diazoessigsäureesters $N_2CH \cdot COOC_2H_5$ entdeckt, der einfachste Vertreter, das Diazomethan N_2CH_2 von v. Pechmann[2]) zuerst dargestellt worden.

Darstellung: 1. Die ringförmigen Diazokörper entstehen durch Einwirkung von salpetriger Säure auf geeignete primäre Amidoverbindungen. Von letzteren eignen sich nach den bisherigen Untersuchungen nur solche Verbindungen, bei denen in α-Stellung zur Amidogruppe ein ungesättigter Rest steht (COOR, CO, CN). (Die einfachen primären aliphatischen Amine bilden entweder Nitrite oder zerfallen in Alkohol und Stickstoff, wie schon oben gesagt.) Die Bildung ringförmiger Diazokörper auf diesem Wege ist sehr wahrscheinlich auf die spontane Anhydrisierung primär erzeugter Diazohydrate $R \cdot CH_2 \cdot N : N \cdot OH$ zurückzuführen:

$$\begin{array}{ccc} \mathrm{ROOC-CH_2} & \mathrm{ROOC-CH_2} & \mathrm{ROOC-CH} \\ | & | & \triangle \\ \mathrm{NH_2} \quad + \mathrm{HNO_2} \rightarrow & \mathrm{N:N \cdot OH} \rightarrow & \mathrm{N=N} \end{array}$$

2. Die einfachsten Diazokörper lassen sich nach v. Pechmann durch Einwirkung von Alkalien auf Nitroso-alkylurethane herstellen. Daß auch hier intermediär Diazotate sich bilden, haben Hantzsch und Lehmann[3]) (s. o.) nachgewiesen.

$$\begin{array}{ccc} \mathrm{H_3C-N-NO} & \mathrm{H_3C-N} & \mathrm{N} \\ | \quad \rightarrow & \| \quad \rightarrow \mathrm{H_2C}{\Big\langle}\; \| + \mathrm{KOH} \\ \mathrm{COOC_2H_5} & \mathrm{KON} & \mathrm{N} \end{array}$$

Ganz analog gestaltet sich die Aufspaltung des Nitroso-phthalimidins nach Oppé[4]), die oben (S. 87) schon erwähnt wurde.

3. Ringförmige Diazokörper werden ebenfalls erhalten durch vorsichtige Reduktion von Alkylnitramiden[5]) und Isonitraminfettsäuren[6]) in alkalischer Lösung:

$$\mathrm{CH_3 \cdot N : NOONa} \rightarrow \mathrm{CH_3 \cdot N : NONa} \rightarrow \mathrm{CH_2}{\Big\langle}\begin{array}{c}\mathrm{N} \\ \| \\ \mathrm{N}\end{array}$$

$$\begin{array}{ccc} \mathrm{RHC-COOH} & \mathrm{RHC-COOH} & \mathrm{RC-COOH} \\ | \quad \rightarrow & | \quad \rightarrow & \triangle \\ \mathrm{NO-N-OH} & \mathrm{HON:N} & \mathrm{N=N} \end{array}$$

[1]) Ber. **16**, 2230 (1883).
[2]) Ber. **28**, 855 (1895).
[3]) Ber. **35**, 900 (1902).
[4]) Ber. **46**, 1095 (1913).
[5]) Thiele u. Meyer, Ber. **29**, 961 (1896).
[6]) Franke, Ber. **29**, 667 (1896).

Ferner durch Einwirkung von Alkylnitrit und Alkali auf Nitrosohydrazine[1]:

$$CH_3-N{\overset{NO}{\underset{NH_2}{\Big<}}} \rightarrow CH_3-N:NONa \rightarrow CH_2{\overset{N}{\underset{N}{\Big<}}} \|$$

4. Sehr allgemein entstehen die ringförmigen Diazokörper durch Oxydation von Hydrazonen:

$$\underset{R}{\overset{R}{\Big>}}C=N\cdot NH_2+O \quad \rightarrow \quad \underset{R}{\overset{R}{\Big>}}C{\overset{N}{\underset{N}{\Big<}}}\| + H_2O\;.$$

Diese Reaktion ist zuerst von Curtius[2] bei dem Hydrazon des Benzils beobachtet, sodann auf einige andere Hydrazone ausgedehnt worden. Die auffallende Beständigkeit des entstandenen Diazokörpers $\underset{N=N}{\overset{C_6H_5\cdot CO\cdot C-C_6H_5}{\diagup\;\diagdown}}$ (Diazo - desoxy - benzoin, von Curtius[3] „Azibenzil" genannt), veranlaßte Curtius, den Hydrazonen der o-Diketone und α-Ketonsäureester eine cyclische Struktur beizulegen $\underset{NH-NH}{\overset{C_6H_5\cdot CO-C-C_6H_5}{\diagup\;\diagdown}}$ („Hydrazi-benzil").

Die sehr vergänglichen Oxydationsprodukte der n o r m a l e n Hydrazone wurden dagegen nicht als Diazokörper, sondern als Tetrazone $R_2C=N-N=N-N=CR_2$ aufgefaßt. Forster und Zimmerli[4] wiesen jedoch nach, daß die beiden isomeren Hydrazone des Camphers, von denen höchstens e i n e s eine Hydraziverbindung sein konnte, beide durch Oxydation in Diazocampher verwandelt werden. Sie konnten ferner feststellen, daß beide Hydrazone normale Struktur $>C=N\cdot NH_2$ haben, also stereoisomer sind, und daß demnach auch für das „Hydrazibenzil" die normale Hydrazonstruktur wahrscheinlich ist. Zu analogen Resultaten kamen Staudinger[5] und seine Mitarbeiter. Sie zeigten, daß die vermeintlichen dimolekularen Oxydationspro-

---

[1] Thiele, Ann. **376**, 252 (1910).

[2] Curtius u. Thun, J. pr. **44**, 161 (1891); Curtius u. Rauterberger, J. pr. **44**, 192 (1891); Curtius u. Pflug, J. pr. **44**, 535 (1891); Curtius u. Lang, J. pr. **44**, 544 (1891); Curtius u. Kastner, J. pr. **83**, 215 (1911).

[3] Über die von Curtius gebrauchte Nomenklatur s. J. pr. **44**, 96 (1891).

[4] J. Chem. Soc. **97**, 2156 (1910).

[5] Staudinger u. Kupfer, Ber. **44**, 2197 (1911); **45**, 501 (1912); Staudinger, Ber. **49**, 1884 (1916).

dukte der Hydrazone, die Curtius[1]) als Tetrazone ansprach, in Wirklichkeit monomolekulare Diazokörper sind, und daß demnach ganz allgemein durch Oxydation normaler Hydrazone Diazokörper erhalten werden können. In einem Falle[2]) ließ sich als Oxydationsmittel die atmosphärische Luft bei Gegenwart von Alkali (Autooxydation) verwenden.

5. Weiterhin entstehen, wie Dimroth[3]) gefunden hat, ringförmige Diazokörper aus Oxytriazolen durch Umlagerung:

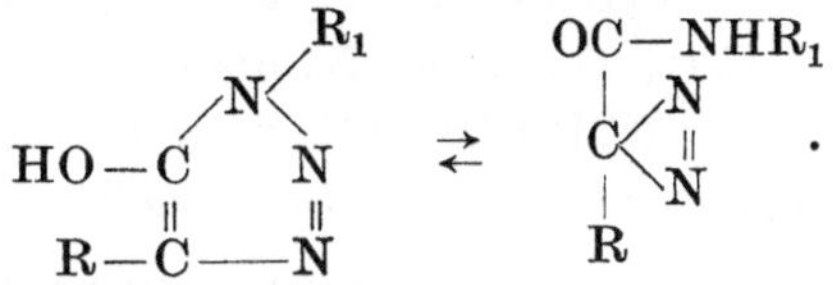

$$\text{HO}-\underset{\underset{\text{R}-\text{C}}{\|}}{\text{C}}\underset{\underset{\text{N}}{\|}}{\overset{\overset{\text{R}_1}{\diagup}}{\text{N}}\diagdown}\text{N} \;\rightleftarrows\; \underset{\text{R}}{\overset{\text{OC}-\text{NHR}_1}{\text{C}}}\diagdown\overset{\text{N}}{\underset{\text{N}}{\|}} \quad.$$

Die Reaktion ist umkehrbar und führt unter geeigneten Bedingungen zu Gleichgewichten.

6. Eine sehr einfache Synthese für das Diazomethan haben Staudinger und Kupfer[4]) entdeckt. Sie erhielten die Verbindung durch Einwirkung von Chloroform und Alkali auf Hydrazin:

$$\text{H}_2\text{N}\cdot\text{NH}_2+\text{Cl}_3\cdot\text{CH}\rightarrow {>}\text{C}:\text{N}\cdot\text{NH}_2\rightarrow \text{H}_2\text{C}\diagup\!\!\!\diagdown\overset{\text{N}}{\underset{\text{N}}{\|}}\quad.$$

Die bei dieser Reaktion auftretende Umlagerung erinnert an die bekannte Umwandlung der Isonitrile in Nitrile bei höherer Temperatur:

$${>}\text{C}:\text{N}\cdot\text{C}_6\text{H}_5 \rightarrow \text{C}_6\text{H}_5\cdot\text{C}\;\;\text{N}$$

Wieland[5]) formuliert die Reaktion etwas anders:

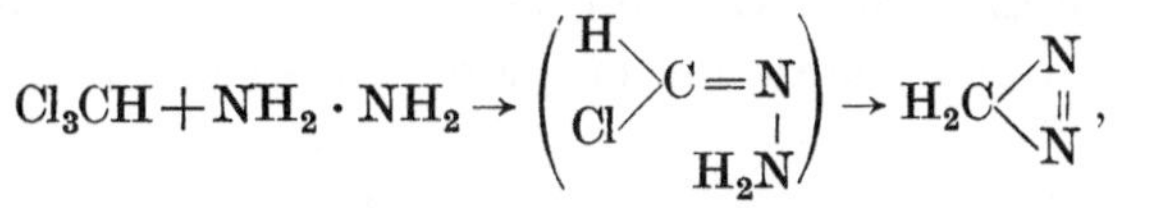

$$\text{Cl}_3\text{CH}+\text{NH}_2\cdot\text{NH}_2\rightarrow\left(\underset{\text{H}_2\text{N}}{\overset{\text{H}}{\underset{\text{Cl}}{}}}{>}\text{C}\!=\!\text{N}\right)\rightarrow\text{H}_2\text{C}\diagup\!\!\!\diagdown\overset{\text{N}}{\underset{\text{N}}{\|}}\;,$$

wodurch eine gewisse formale Ähnlichkeit mit der Diazomethansynthese von Bamberger und Renauld[6]) aus Methyldichloramin und Hydroxylamin entsteht:

---

[1]) Curtius u. Pflug, J. pr. **44**, 537 (1891); Curtius u. Lublin, Ber. **33**, 2460 (1900).

[2]) Staudinger u. Gaule, Ber. **49**, 1951 (1916).

[3]) Ann. **373**, 336 (1910).

[4]) Ber. **45**, 501 (1912).

[5]) Wieland, Die Hydrazine, S. 101, Stuttgart 1913.

[6]) Ber. **28**, 1682 (1895).

$$CH_3 \cdot NCl_2 + H_2N \cdot OH \rightarrow \left(\begin{matrix} H_3C - N \\ \quad\quad \| \\ HO - N \end{matrix} \right) \rightarrow H_2C \Big\langle\begin{matrix} N \\ \| \\ N \end{matrix} \cdot$$

Eigenschaften: Die ringförmigen Diazoverbindungen sind farbige Verbindungen, wie folgende kleine Übersicht zeigt:

$H_2C:N_2$ gelb	$(CH_3CO)HC:N_2$ hellgelb	$(C_2H_5OOC)CH:N_2$ gelb
$CH_3HC:N_2$ tiefgelb	$CH_3CO(CH_3)C:N_2$ orange	$C_2H_5OOC\!\!\searrow$
$(CH_3)_2C:N_2$ hellrot	$(CH_3CO)_2C:N_2$ gelb	$CH_3OC\!\!\nearrow C:N_2$ hellgel[b]
$C_6H_5HC:N_2$ rot	$(C_6H_5CO)HC:N_2$ gelb	$C_2H_5OOC\!\!\searrow$
$C_6H_5(CH_3)C:N_2$ dunkelrot	$C_6H_5CO(C_6H_5)C:N_2$ orange	$CH_3OC\!\!\nearrow C_2:N_2$ blaßg[e]
$(C_6H_5)_2C:N_2$ blaurot	$(C_6H_5CO)_2C:N_2$ hellgelb	$(C_2H_5OOC)_2C:N_2$ blaßg[e]
$(C_6H_4)_2C:N_2$ orangerot	$C_6H_5CO(CH_3CO)C:N_2$ blaßgelb	

Durch Einführung von Kohlenwasserstoffresten wird demnach die Farbe des Diazomethans stark vertieft. Die Einführung von Acylgruppen, noch mehr von Carboxyäthylgruppen, bewirkt dagegen wieder eine Farbaufhellung. Die niederen Glieder sind flüchtige, durchdringend riechende, explosive Verbindungen ziemlich unbeständiger Natur. Die Einführung von Carboxyl- und Carboxyäthylgruppen erhöht aber die Beständigkeit ungemein. Gegen Alkali sind die Verbindungen meist sehr stabil.

Reaktionen[1]**:** 1. Beim Erhitzen, teilweise schon bei längerem Stehen erleiden die ringförmigen Diazokörper Umwandlungen, welche in dreifacher Art vor sich gehen können:

a) Bildung von Ketazinen. Dieser Vorgang läßt sich nach Angeli[2] und Staudinger und Kupfer[3] so deuten, daß ein Mol der Diazoverbindung unter Stickstoffabspaltung in ein unbeständiges Methylenderivat mit zweiwertigem Kohlenstoff übergeht, welches sich dann an ein Mol unzersetzten Diazokörper addiert:

$$\frac{R}{R}\!\!\searrow\!\!C\Big\langle\begin{matrix}N\\ \|\\ N\end{matrix} \rightarrow \frac{R}{R}\!\!\searrow\!\!C\!\!\nwarrow \; ; \quad \frac{R}{R}\!\!\searrow\!\!C\!\!\nwarrow + \begin{matrix}N\\ \|\\ N\end{matrix}\!\!\searrow\!\!C\!\!\nwarrow\frac{R}{R} \rightarrow \frac{R}{R}\!\!\searrow\!\!C:N\cdot N:C\!\!\nwarrow\frac{R}{R}$$

Die Reaktion ist offenbar dann möglich, wenn die Geschwindigkeit der Addition größer ist als die der Zersetzung des Diazokörpers.

Auch das von v. Pechmann[4] entdeckte Diazomethan-sulfo-

---

[1]) Vgl. Wieland, Die Hydrazine, S. 90, 104ff., Stuttgart 1913; Staudinger, Ber. **49**, 1885ff. (1916).

[2]) Gazz. **24**, II, 48 (1894).

[3]) Ber. **44**, 2197 (1911).

[4]) Ber. **28**, 2374 (1895); **29**, 2161 (1896).

saure Kalium, welches aus Cyankalium und Bisulfit und nachfolgender Behandlung mit salpetriger Säure entsteht:

$$HCN + 2\,HSO_3K \rightarrow \underset{CH(SO_3K)_2}{\overset{NH_2}{|}} \xrightarrow{HNO_2} \underset{C(SO_3K)_2}{\overset{N=N}{\diagup\diagdown}},$$

ist zu einer solchen Azinbildung befähigt:

$$2\,\underset{N}{\overset{N}{\|}}\!\!\diagdown\!C(SO_3K)_2 \rightarrow \underset{N=C(SO_3K)_2}{\overset{N=C(SO_3K)_2}{|}} + N_2.$$

b) Bildung von stickstoffreien Äthylenderivaten, eine Reaktion, die sich durch Addition der frei gewordenen Methylene deuten läßt, z. B. die Bildung des roten Dibiphenylenäthens aus Diazofluoren[1])

$$2\,(C_6H_4)_2C:N_2 \rightarrow (C_6H_4)_2C:C(C_6H_4)_2 + 2\,N_2,$$

und ebenso die Bildung von Fumarsäureester und Diazoessigester[2]):

$$2\,ROOC\cdot CH:N_2 \rightarrow ROOC\cdot CH:CH\cdot COOR + 2\,N_2.$$

c) Intramolekulare Veränderung. So geht das Phenyl-benzoyldiazomethan (Diazodesoxybenzoin), wie Schroeter[3]) gezeigt hat, in Diphenylketen über:

$$\underset{C_6H_5}{\overset{C_6H_5CO}{\diagdown\diagup}}C:N_2 \rightarrow \underset{C_6H_5}{\overset{C_6H_5CO}{\diagdown\diagup}}C\diagup\diagdown \rightarrow (C_6H_5)_2C=C=O$$

eine Reaktion, die nach Staudinger[4]) sich auf andere Carbonylhaltige Diazokörper übertragen läßt und zu einer Reihe neuer Ketene führte. Ähnlich geht der Diazocampher in Camphenon (β-Peri-cyklo-camphanon) über[5]). Ferner sei hingewiesen auf die Zersetzung des Diphenyl-bis-diazoäthans, die zu Tolan führt[6]):

$$\underset{C_6H_5-C:N_2}{\overset{C_6H_5-C:N_2}{|}} \rightarrow \underset{C_6H_5-C}{\overset{C_6H_5-C}{\||\|}} + 2\,N_2$$

2. Durch Einwirkung von Säuren, Halogenen, mitunter auch schon von Wasser, erleiden die ringförmigen Diazoverbindungen die typische Diazospaltung, so daß sie demnach bei ihrer Zersetzung

---

[1]) Staudinger u. Kupfer, Ber. **44**, 2201 (1911).
[2]) Loose, J. pr. **79**, 508 (1909); Darapsky, Ber. **43**, 1112 (1910).
[3]) Ber. **42**, 2345 (1909).
[4]) Ber. **49**, 1887, 2522 (1916).
[5]) Schiff, Ber. **14**, 1373 (1881); Angeli. Gazz. **24**, II, 322 (1894); Bredt u. Holz, J. pr. **95**, 133 (1917).
[6]) Curtius u. Thun, J. pr. **44**, 186 (1891); Curtius u. Kastner, J. pr. **83**, 217 (1911).

wie bei ihrer Bildung als innere Anhydride von Syndiazoalkyl-
hydraten $\begin{matrix} R-N \\ \| \\ HO-N \end{matrix}$ erscheinen. So gehen sie unter Entwicklung
von Stickstoff in Alkohole, durch Halogenwasserstoffsäure
teilweise auch in Halogenverbindungen, durch Blausäure in
Alkyl-cyanide[1]) über. Aliphatische Diazoniumsalze, die man mit
Säuren als Zwischenprodukte erwarten sollte, waren auch beim
Arbeiten bei tiefer Temperatur ($-80°$) bisher in keinem Falle
zu erhalten[2]). Die Stickstoffabspaltung der aliphatischen Diazogruppe wird ganz besonders leicht katalytisch beeinflußt, besonders
durch Wasserstoffionen. Leicht rein zu erhaltende und bequem
zu handhabende Diazokörper, wie der Diazoessigester, bieten
daher ein vorzügliches Mittel, Wasserstoffionen Konzentrationen
quantitativ zu bestimmen, zumal auch äußerst schwache Säuren
noch deutlich reagieren. Zahlreiche physiko-chemische Messungen
sind so durchgeführt worden[3]).

Nach Hantzsch[4]) bildet die Zersetzung des Diazoessigesters
ein Mittel zum Nachweis nicht nur der Wasserstoffionen, sondern
auch des ionogen gebundenen Wasserstoffs, wie er ihn z. B. in den
„echten" Carbonsäuren annimmt. Es zeigte sich nämlich, daß viele
Carbonsäuren auch in nicht dissoziierenden Lösungsmitteln wie
Petroläther den Diazoessigester lebhaft zersetzen, während sie in
Äther nicht reagieren. Zur Erklärung hierfür macht Hantzsch
die durch optische Befunde gestützte Annahme, daß die Carbon-
säuren in 2 Formen existieren: als echte Säuren $R \cdot C{\big<}{\overset{O}{\underset{O}{\,}}}{\big\}} H$ mit
ionogen gebundenem aktiven Wasserstoff und als Pseudosäuren
$R \cdot C{\big<}{\overset{O}{\underset{OH}{\,}}}$ mit inaktivem Hydroxylwasserstoff. Die beiden Formen

---

[1]) Wolff, Ann. **394**, 41 (1912).

[2]) Staudinger, Anthes u. Pfenniger, Ber. **49**, 1936 (1916).

[3]) Bredig u. Fraenkel, Z. Elektr. **11**, 525 (1905); Ber. **39** 1756 (1906);
Fraenkel, Z. phys. Ch. **60**, 202 (1907); Cumming, Z. phys. Ch. **57**, 578 (1907);
Bredig u. Ripley, Ber. **40**, 4015 (1907); Bredig, Z. Elektr. **18**, 535 (1912);
Snethlage, Z. Elektr. **18**, 539 (1912); Z. phys. Ch. **85**, 211 (1914); Millar, Z.
phys. Ch. **85**, 129 (1914); Braune, Z. phys. Ch. **85**, 170 (1914); Holmberg,
Ber. **41**, 1341 (1908); Ber. **47**, 165 (1914); Calcagni, Gazz. **44**, II, 447 (1914);
45, II, 362 (1915); Chem. C. 1916 II, 646; Orlow, Chem. C. 1915 II, 642; Staudinger u. Gaule, Ber. **49**, 1897 (1916).

[4]) Hantzsch, Ber. **50**, 1444 (1917); Z. f. Elektroch. **24**, 201 (1918); vgl.
Snethlage, Z. phys. Ch. **90**, 1 und 139 (1915).

stehen miteinander in einem Gleichgewicht, das durch Lösungsmittel verschoben wird. Bei der Trichloressigsäure ist z. B. in Wasser und Petroläther fast nur die echte Säureform, in Äther die Pseudoform vorhanden.

Die Zersetzung des Diazomethans mit anorganischen und organischen Säuren verläuft in der Weise, daß sich unter Stickstoffabspaltung die Methylester der Säuren bilden:

$$R \cdot COOH + CH_2 : N_2 = R \cdot COO \cdot CH_3 + N_2 \,.$$

Ähnlich reagiert das Diazomethan mit Substanzen, welche phenolische Hydroxylgruppen enthalten, auch mit manchen Aminen:

$$C_6H_5 \cdot OH + CH_2 : N_2 = C_6H_5 \cdot O \cdot CH_3 + N_2 \,,$$
$$C_6H_5 \cdot NH_2 + CH_2 : N_2 = C_6H_5 \cdot NH \cdot CH_3 + N_2 \,,$$

so daß es als Methylierungsmittel angewendet werden kann.[1] Die Methylierung mit Diazomethan hat vor anderen Methylierungsmitteln den Vorteil, daß man bei ziemlich tiefer Temperatur arbeiten kann. Aus diesem Grunde ist das Diazomethan häufig zur Konstitutionsermittlung tautomer reagierender Substanzen herangezogen worden.[2]

Jod reagiert mit den Diazoverbindungen unter Bildung von Dijodderivaten $CH_2 : N_2 + J_2 = CH_2J_2 + N_2$, ein Vorgang, den man zur titrimetrischen Bestimmung von Diazolösungen benutzen kann.

3. Wasserstoff und Organo-Magnesiumverbindungen[3] werden unter Auflösung des Stickstoffringes addiert. In beiden Fällen entstehen Hydrazone:

$$R_2C : N_2 + H_2 \rightarrow R_2C : N \cdot NH_2$$
$$R_2C : N_2 + CH_3MgJ \rightarrow R_2C : N \cdot NH \cdot CH_3$$

4. An ungesättigte Verbindungen legen sich die Diazokörper leicht an, wobei der Stickstoff austritt oder auch in die neue Verbindung mit eingeht.

a) So geben Acetylene[4] Pyrazolderivate

---

[1] v. Pechmann, Ber. **28**, 855, 1624 (1895).

[2] Vgl. v. Pechmann u. Degner, Ber. **30**, 646 (1897); Biltz, Ber. **53**, 2327 (1920).

[3] Forster u. Cardwell, J. Chem. Soc. **103**, 861 (1913); Zerner, M. **34**, 1609, 1631 (1913).

[4] Buchner, Ber. **21**, 2638 (1888); **22**, 842 (1889).

$$
\begin{array}{c}
\mathrm{R} \\ | \\ \mathrm{CH} \\[2pt]
\begin{array}{c}\mathrm{R-C} \\ \lVert\lVert\lVert \\ \mathrm{R-C}\end{array}\!\!+\!\!\begin{array}{c}\diagdown\;\mathrm{N} \\ \diagdown\lVert \\ \mathrm{N}\end{array}
\end{array}
\;\rightarrow\;
\begin{array}{c}
\mathrm{R} \\ | \\ \mathrm{C} \\ \diagup\diagdown \\
\mathrm{R-C}\quad\mathrm{N} \\ \lVert\qquad| \\ \mathrm{R-C-NH}
\end{array}
$$

Aus Äthylenen[1]) entstehen Pyrazolinkörper:

$$
\begin{array}{c}
\mathrm{R} \\ | \\ \mathrm{CH} \\[2pt]
\begin{array}{c}\mathrm{R-CH} \\ \lVert\;+ \\ \mathrm{R-CH}\end{array}\!\!\begin{array}{c}\diagdown\;\mathrm{N} \\ \diagdown\lVert \\ \mathrm{N}\end{array}
\end{array}
\;\rightarrow\;
\begin{array}{c}
\mathrm{R} \\ | \\ \mathrm{C} \\ \diagup\diagdown \\
\mathrm{R-CH}\quad\mathrm{N} \\ |\qquad| \\ \mathrm{R-CH-NH}
\end{array}
$$

wie z. B. aus Diazoessigester und Fumarsäureester der Pyrazolin-
tricarbonester sich bildet. Da diese Pyrazoline den Stickstoff
abspalten können, kann man so zu Cyclopropanderivaten[2])

$$
\begin{array}{c}
\mathrm{ROOC-CH-CH-COOR} \\
\diagdown\;\diagup \\
\mathrm{ROOC-CH}
\end{array}
$$

Trimethylen-tricarbonester

gelangen.

Buchner[3]) hat gezeigt, daß bei höherer Temperatur auch
aromatische Kohlenwasserstoffe sich unter Auflösung der Doppelbindung an Diazokörper anlagern können. So gehen Benzol und
Diazoessigester in den sog. Pseudo-phenylessigester über:

$$
\bigcirc + \begin{array}{c}\mathrm{N} \\ \lVert \\ \mathrm{N}\end{array}\!\!\diagup\mathrm{CH\cdot COOR} \;\rightarrow\; \bigcirc\!\!\diagdown\mathrm{CH\cdot COOR} + \mathrm{N_2},
$$

welcher bei höherer Temperatur neben Phenylessigester Carbon-
säureester eines dreifach ungesättigten siebengliedrigen Kohlenstoff-
ringes liefert.

    b) Auch an die Carbonyldoppelbindung legen sich die Diazo-
körper an. So entsteht aus Diazoessigester und Benzaldehyd der

---

[1]) Buchner, Ann. **273**, 226 (1893), **284**, 197 (1894); v. Pechmann, Ber. **31**,
2950 (1898); **33**, 3597 (1900); Buchner u. v. d. Heyde, Ber. **34**, 347 (1901);
Buchner u. Witter, Ber. **27**, 868 (1894); Buchner u. Dessauer, Ber. **27**, 877
(1894); Staudinger u. Gaule, Ber. **49**, 1951 (1916).

[2]) Buchner, Ann. **273**, 229 (1893).

[3]) Buchner, Ber. **33**, 684, 3453 (1900); **34**, 982 (1901); **36**, 3502 (1903); **37**,
931 (1904).

Benzoylessigester [1]), wohl unter intermediärer Bildung eines Fünfringes:

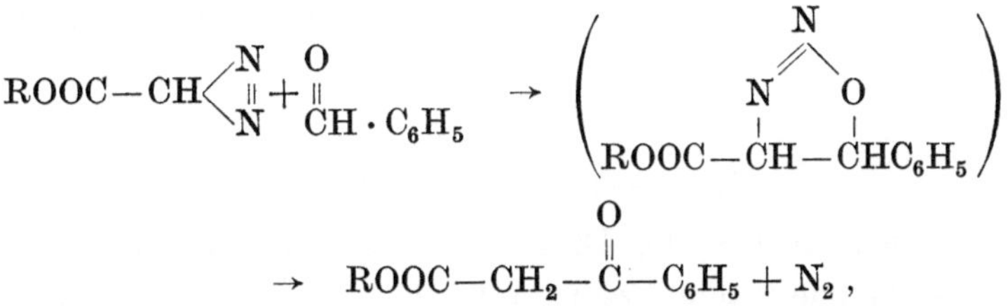

$$ROOC-CH{<}^{N}_{N}\|{+}^{O}_{CH}\|\cdot C_6H_5 \quad\rightarrow\quad \left(\begin{array}{c} N \\ N\diagdown\ \ O \\ ROOC-CH-CHC_6H_5 \end{array} \right)$$

$$\rightarrow\quad ROOC-CH_2-\overset{O}{\underset{\|}{C}}-C_6H_5 + N_2 \ ,$$

und ganz analog bilden sich aus Aldehyden und Diazomethan die entsprechenden Methylketone [2]) (Diazomethan als Methylierungsmittel s. S. 99):

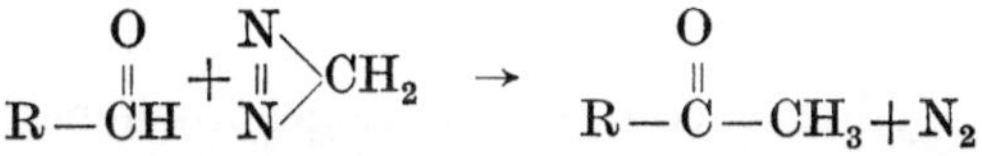

$$R-\overset{O}{\underset{\|}{CH}}{+}\overset{N\diagdown}{\underset{N\diagup}{\|}}CH_2 \quad\rightarrow\quad R-\overset{O}{\underset{\|}{C}}-CH_3+N_2$$

c) Die C = N-Bindung reagiert nach den bisherigen Beobachtungen nicht mit Diazokörpern [3]), wohl aber die C = S-Bindung [4]). v. Pechmann [4]) erhielt so Thiodiazole:

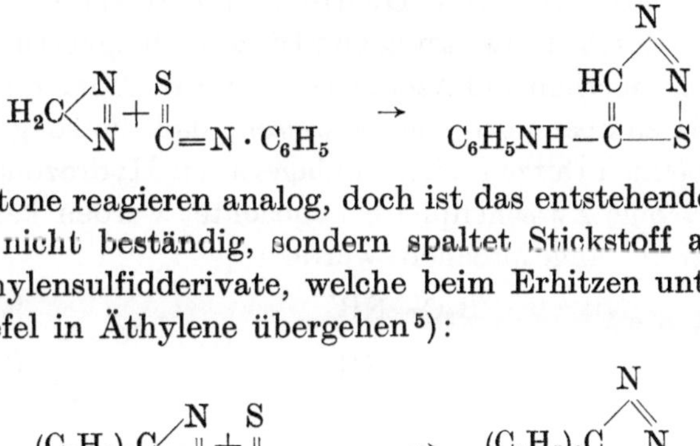

$$H_2C{<}^{N}_{N}\|{+}^{S}_{C}\|{=}N\cdot C_6H_5 \quad\rightarrow\quad \begin{array}{c} N \\ HC\diagup\diagdown N \\ C_6H_5NH-C\!-\!\!-S \end{array}$$

Thioketone reagieren analog, doch ist das entstehende Dihydrothiodiazol nicht beständig, sondern spaltet Stickstoff ab; es entstehen Äthylensulfidderivate, welche beim Erhitzen unter Verlust von Schwefel in Äthylene übergehen [5]):

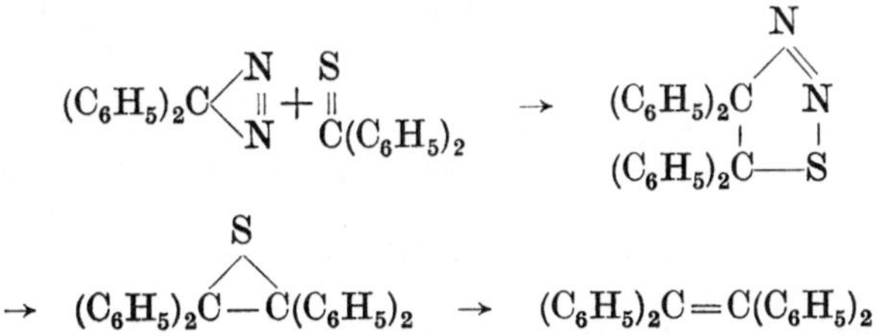

$$(C_6H_5)_2C{<}^{N}_{N}\|{+}^{S}_{C}\|(C_6H_5)_2 \quad\rightarrow\quad \begin{array}{c} N \\ (C_6H_5)_2C\diagup\diagdown N \\ (C_6H_5)_2C\!-\!\!-S \end{array}$$

$$\rightarrow\quad (C_6H_5)_2\overset{S}{\overset{\diagup\diagdown}{C}}-C(C_6H_5)_2 \quad\rightarrow\quad (C_6H_5)_2C=C(C_6H_5)_2$$

d) Auch die N = O-Bindung reagiert mit Diazokörpern, wie

---

[1]) Curtius u. Buchner, Ber. 18, 2371 (1885).
[2]) Schlotterbeck, Ber. 40, 479, 3000 (1907); Ber. 42, 2559, 2565 (1909).
[3]) Pfenniger, Diss. Zürich 1915.
[4]) v. Pechmann, Ber. 29, 2588 (1896).
[5]) Siegwart, Diss. Zürich 1917.

Staudinger und Miescher[1]) gefunden haben[2]). Es entstehen Nitrone[3]), welche man als am Sauerstoff substituierte Nitrokohlenwasserstoffe oder als Oxydationsprodukte von Schiffschen Basen (Anilen) auffassen kann:

$$(C_6H_5)_2C{\Large\langle}\genfrac{}{}{0pt}{}{N}{N}\ \genfrac{}{}{0pt}{}{O}{N-R} \ \rightarrow \ (C_6H_5)_2C=\overset{O}{N}-R + N_2.$$

e) Die Einwirkung der Diazokörper auf die Azogruppe $N = N$ führte zu bedeutsamen Resultaten. Ernst Müller[4]) gelang es, durch Einwirkung von Diazoessigester auf Azodicarbonester zuerst zu Derivaten der echten Hydrazi-Essigsäure zu kommen:

$$ROOC-CH{\Large\langle}\genfrac{}{}{0pt}{}{N}{N}\ \genfrac{}{}{0pt}{}{N-COOR}{N-COOR} \ \rightarrow \ ROOC-CH{\Large\langle}\genfrac{}{}{0pt}{}{N-COOR}{N-COOR} + N_2.$$

Die bisher als Hydraziverbindungen angesprochenen Substanzen hatten sich alle (mit Ausnahme einiger von Rassow[5]) aus Hydrazobenzol mit Aldehyden erhaltenen Verbindungen) als Hydrazone erwiesen[6]).

Auch Staudinger und Gaule[7]) und Wulkan[8]) erhielten ganz analog durch Einwirkung von Diazomethanen (Diazofluoren, Diazo-diphenylmethan) auf Azodicarbonester Hydraziverbindungen, Es gelang ihnen aber noch nachzuweisen, daß die so gewonnenen Produkte beim Erhitzen sich umlagern zu Hydrazonen, wobei eine tieferfarbige Zwischenphase beobachtet werden kann, die als ein „Hydrazen" angesprochen wurde[9]):

$$R_2C{\Large\langle}\genfrac{}{}{0pt}{}{NR'}{NR''} \ \rightarrow \ R_2C=\genfrac{}{}{0pt}{}{NR'}{NR''} \ \rightarrow \ R_2C=N-N{\Large\langle}\genfrac{}{}{0pt}{}{R'}{R''}$$

Hydraziverbindung   Hydrazen   Hydrazon.

---

[1]) Helv. chim. acta **2**, 554 (1919).

[2]) Vgl. v. Pechmann, Ber. **28**, 860 (1895); **30**, 2461, 2871 (1897); **31**, 293, 296. 557 (1898).

[3]) Nomenklatur s. Pfeiffer, Ann. **411**, 72 (1916).

[4]) Ber. **47**, 3001 (1914).

[5]) J. pr. **64**, 129 (1901); **84**, 249 (1911).

[6]) Darapsky, Ber. **45**, 1657 (1912). Vgl. ferner Thiele, Ber. **44**, 2522 (1911); Staudinger u. Kupfer, Ber. **44**, 2197 (1911); Wolff, Ann. **394**, 24 (1912); Forster u. Zimmerli, I. Chem. Soc. **97**, 2156 (1910); Forster u. Cardwell I. Chem. Soc. **103**, 861 (1913); Zerner, Zeitschr. f. angew. Chemie 1913, 559.

[7]) Ber. **49**, 1961 (1916).

[8]) Diss. Zürich 1919.

[9]) Miescher, Diss. Zürich 1918; Wulkan, Diss. Zürich 1919.

Die leichte Umwandlung der Hydraziverbindungen in Hydrazone ist für die Frage nach der Konstitution der aliphatischen Diazokörper bedeutungsvoll (s. unten).

f) An die Nitrilgruppe $-C\equiv N$ lagern sich die Diazokörper ganz analog wie an die Acetylene (s. oben bei a) an. Diazomethan und Cyan-ameisensäureester geben Triazol-carbonester[1]).

5. Einige Diazokörper reagieren schon mit dem Luftsauerstoff (Autooxydation), indem sie dabei in Ketone übergehen[2]).

$$2(CH_3O \cdot C_6H_4)_2C:N_2+O_2=2(CH_3O \cdot C_6H_4)_2C:O+2N_2.$$

6. Während Säuren die Diazokörper unter Stickstoffentwicklung lebhaft zersetzen, wirken verdünnte Alkalien auf den Stickstoffring dieser Verbindungen nicht ein. Diazoessigester wird zu den Salzen der Diazoessigsäure $N_2:CH \cdot COOMe$ verseift, durch verdünntes Ammoniak in Diazo-acetamid $N_2:CH \cdot CONH_2$ übergeführt. (Freie Diazoessigsäure, Diazomethancarbonsäure $N_2:CH \cdot COOH$ ist jedoch nicht existenzfähig.) Konzentrierte Alkalilaugen oder flüssiger Ammoniak führen jedoch eine Reihe eigenartiger Veränderungen herbei, die am Beispiel des Diazoessigesters genau untersucht wurden. Die Konstitution der erhaltenen Verbindungen war lange Zeit ungeklärt, bis es endlich den gemeinsamen Arbeiten von Curtius, Darapsky und Müller[3]) gelungen ist, die wahre Natur dieser Substanzen zu ergründen.

Starke Kalilauge in der Kälte bewirkt danach unter Polymerisation die Entstehung des Trikaliumsalzes der „Pseudo-diazoessigsäure", welche durch Einwirkung starker Lauge in der Hitze in das Salz der „Bis-diazoessigsäure" übergeht. Man kann sich die Entstehung der Verbindungen so vorstellen[4]), daß zunächst eine dimolekulare Kondensation erfolgt:

---

[1]) Peratoner und Azarello, Gazz. **38**, I, 76 (1908); Oliveri-Mandalà, Gazz. **40**, I, 120 (1910).

[2]) Staudinger, Anthes und Pfenninger, Ber. **49**, 1911 (1916); Staudinger und Kupfer, Ber. **44**, 2202 (1911).

[3]) Die Autoren haben über diese ziemlich komplizierten Reaktionen eine zusammenfassende Übersicht gegeben, in der sie alle Literaturangaben beigebracht und die teils irrtümlichen, teils unrationellen Namen der Verbindungen durch rationelle Bezeichnung korrigiert haben. Auf diese Arbeit [Ber. **41**, 3161 (1908)] sei hier verwiesen.

[4]) Vgl. Wieland, Die Hydrazine, S. 111. Stuttgart 1913.

$$HOOC-CH \overset{N=N}{\underset{N=N}{\diagup}} \; + \; CH-COOH \; \rightarrow \; HOOC-CH\underset{N=N}{\overset{N=N}{\diagdown \diagup}}CH-COOH$$

Das entstandene hypothetische Produkt enthält 2 Azogruppen, die nun das Bestreben haben, sich in die Hydrazonkonfiguration umzulagern, wie es allgemein bei den aliphatischen Azokörpern der Fall ist (s. S. 91):

$$\rightarrow HOOC-C\underset{N=N}{\overset{N-NH}{\diagdown \diagup}}CH-COOH \; \rightarrow$$

Pseudo-diazoessigsäure

$$HOOC-C\underset{\underset{H \; H}{N-N}}{\overset{N-N}{\diagdown \diagup}}C-COOH \quad oder \quad HOOC-C\underset{NH-N}{\overset{N-NH}{\diagdown \diagup}}C-COOH$$

Bis-diazoessigsäure

Beide Säuren sind Dihydro-tetrazin-dicarbonsäuren, die sich zur gleichen Tetrazindicarbonsäure oxydieren lassen, aus welcher durch CO_2-Abspaltung Tetrazin erhältlich ist:

$$HOOC-C\underset{N=N}{\overset{N-N}{\diagdown \diagup}}C-COOH \; \rightarrow \; CH\underset{N=N}{\overset{N-N}{\diagdown \diagup}}CH$$

Tetrazin-dicarbonsäure   Tetrazin

Die aus Diazoessigester erhaltenen Alkalisalze hatten Hantzsch und Lehmann[1]) früher als Derivate des „Isodiazoessigesters"

$$ROOC-C\underset{N}{\overset{NH}{\diagdown | \diagup}}$$

angesprochen; sie haben sich aber demnach als Salze der Pseudo-diazoessigsäure erwiesen[2]). Der Bisdiazoessigester, der sich auch direkt aus Diazoessigester erhalten läßt und dessen dimolekulare Struktur zuerst von Hantzsch und Silberrad[3]) nachgewiesen wurde, wird durch Säuren glattauf in Hydrazin und Oxalsäure gespalten, eine Reaktion, nach der durch Curtius[4]) das Hydrazin entdeckt wurde:

$$HOOC-C\underset{NH-N}{\overset{N-NH}{\diagdown \diagup}}C-COOH \; \rightarrow \; 2H_2N\cdot NH_2 + 2HOOC\cdot COOH$$

---

[1]) Ber. **34**, 2506 (1901).
[2]) Curtius, Darapsky und Müller, Ber. **41**, 1340 (1908).
[3]) Ber. **33**, 58 (1900).
[4]) Ber. **20**, 1632 (1887).

Durch Abspaltung von 2 Mol. CO_2 wurden aus Bis-diazoessigsäure 2 Substanzen erhalten, die, wie Hantzsch und Silberrad[1]) nachwiesen, zu ein und demselben Triazol (III) abgebaut werden konnten. Sie faßten dieselben als isomere Dihydrotetrazine („Bis-diazo-methan" und „Iso-bis-diazomethan") auf. Sie haben sich jedoch jetzt als C-Amido-triazol[2]) (I) und N-Amido-triazol[3]) (II) erwiesen:

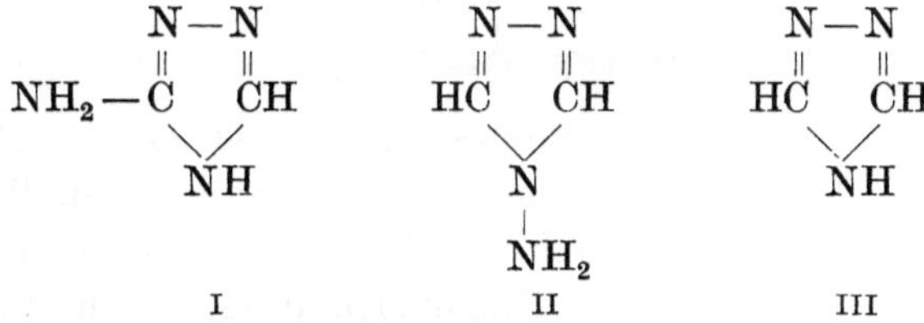

Die stickstoffhaltigen Sechsringe gehen also bei dieser Operation in die stabileren Fünfringe über.

Auch das obenerwähnte Diazo-acetamid geht durch Erwärmen mit Alkali in ein Triazolderivat über, und zwar entsteht Triazolon bzw. das tautomere Oxytriazol[4]):

7. Schwefelwasserstoff wirkt auf die meisten aliphatischen Diazokörper wie ein Reduktionsmittel und führt sie demgemäß in Hydrazone über (s. sub 3). Er kann aber auch als schwache Säure fungieren, Stickstoffentwicklung veranlassen und so zu Mercaptanen führen[5]):

$$(C_6H_5)_2C : N_2 + H_2S = (C_6H_5)_2CH \cdot SH + N_2$$

Auf Diazoverbindungen, welche 2 Carbonylgruppen enthalten, wirkt Schwefelwasserstoff jedoch ganz anders ein: Es entstehen Thio-diazole:

---

[1]) Ber. **33**, 58.
[2]) Curtius, Darapsky u. Müller, Ber. **40**, 818, 832 (1907).
[3]) Bülow, Ber. **39**, 2618, 4106 (1906).
[4]) Curtius u. Thompson, Ber. **39**, 4140 (1906); vgl. Dimroth, Ann. **373**, 336 (1910); s. auch S. 95.
[5]) Staudinger und Siegwart, Ber. **49**, 1919 (1916).

Diese Tatsache, außerdem die bei den Diazoverbindungen mit 2 Carbonylen hervortretende große Beständigkeit und ihre geringe Färbung veranlaßten den Entdecker dieser Substanzen, Wolff[1]), ihnen eine Fünfringstruktur beizulegen:

$$\begin{array}{c} N \\ \diagup\!\!\diagup \quad \diagdown \\ N \qquad O \\ | \qquad | \\ R\cdot CO-C=C-R \end{array}$$

Er benannte diese Diazokörper demgemäß Diazo - anhydride. Da die Diazoanhydride sich aber sonst in den meisten Reaktionen wie echte Diazokörper verhalten, sind Zweifel aufgetaucht[2]), ob sie nicht doch wie einfache Diazoverbindungen zu formulieren seien. Staudinger und Siegwart[3]) wiesen nach, daß die für die Diazoanhydride charakteristische Schwefelwasserstoffreaktion auch bei einer monocarbonylsubstituierten Diazoverbindung eintreten kann, wenn nur das Carbonyl genügend reaktionsfähig ist, und deuten die Reaktion folgendermaßen:

$$\begin{array}{ccccc} C_6H_5-CO & & C_6H_5-C:S & & C_6H_5-C-S \\ | & \xrightarrow{\;H_2S\;} & | & \rightarrow & \qquad\qquad \diagdown N \\ C_6H_5-C:N_2 & & C_6H_5-C:N_2 & & C_6H_5-C-N\diagup \end{array}$$

Da die Diazoanhydride sich bei der Zersetzung durch Erhitzen[4]) durchaus nicht stabiler erweisen als die anderen Diazoverbindungen, liegt, wie Staudinger ausführt, zu einer besonderen Formulierung der Diazoanhydride kein Grund mehr vor.

8. Säurechloride[5]) wirken auf die aliphatischen Diazokörper teils unter Stickstoffabspaltung (I), teils aber auch unter Bildung neuer Diazokörper (II) ein:

$$\text{I.} \quad R_2C:N_2+Cl\cdot COR=R_2C\!\!\begin{array}{c}\diagup Cl\\ \diagdown COR\end{array}\!\!+N_2.$$

$$\text{II.} \quad ROOC\cdot CH:N_2+Cl\cdot COR \rightarrow ROOC\cdot CN_2\cdot CO\cdot R.$$

Die zweite von Staudinger entdeckte Reaktion führt zu

[1]) Ann. **325**, 129 (1902); Ber. **36**, 3612 (1903); Ann. **333**, 1 (1904); **394**, 23 (1912).

[2]) Schroeter, Ber. **42**, 2347 (1909); Dimroth, Ann. **373**, 336 (1910); Staudinger, Ber. **49**, 1890 (1916).

[3]) Ber. **49**, 1919 (1916).

[4]) Staudinger u. Gaule, Ber. **49**, 1900 (1916).

[5]) Staudinger u. Maechling, Ber. **49**, 1973 (1916); Staudinger, Becker u. Hirzel, Ber. **49**, 1978 (1916); Clibbens u. Nierenstein, Chem. C. 1916, I, 96.

dicarbonylsubstituierten Diazokörpern, welche sich identisch erwiesen mit den „Diazoanhydriden" von Wolff.

An tertiäre Phosphine addieren sich die aliphatischen Diazokörper unter Bildung von Phosphazinen[1]):

$$R_2C\underset{\diagdown N}{\overset{\diagup N}{\big<}}\Vert + PR_3 \;\rightarrow\; R_2C\!=\!N\!-\!N\!=\!PR_3,$$

welche unter Umständen den Stickstoff abspalten und in Phosphinmethylenderivate übergehen, z. B.:

$$(C_6H_5)_2C\!=\!N\!-\!N\!=\!P(C_6H_5)_3 \;\rightarrow\; (C_6H_5)_2C; P(C_6H_5)_3 + N_2\,.$$

b) Konstitution der aliphatischen Diazoverbindungen.

Wie schon im historischen Teil (S.19) mitgeteilt, ist für die alte cyclische, von Curtius[2]) zuerst aufgestellte Diazoformel in neuerer Zeit von Angeli[3]) und unabhängig von ihm von Thiele[4]) eine offene Formel mit fünfwertigem Stickstoff vorgeschlagen worden:

$$\underset{R}{\overset{R}{\diagdown}}C\underset{\diagdown N}{\overset{\diagup N}{\big<}}\Vert \qquad\qquad \underset{R}{\overset{R}{\diagdown}}C\!=\!N\!\equiv\!N$$

Formel von Curtius   Formel von Angeli und Thiele

Die neue Formel umgeht einerseits manche Schwierigkeiten bei den Formulierungen der Reaktionen, führt aber andererseits zu recht gezwungenen Formelbildern, die mit dem Verhalten der Substanzen nicht im Einklang stehen. Gegen die alte Formel wurde die Bildung von Hydrazonen bei der Reduktion geltend gemacht. Nach der offenen Formel ist sie leicht zu deuten:

$$R_2C\!=\!N\!\equiv\!N + H_2 \;\rightarrow\; R_2C\!=\!N\!-\!NH_2\,.$$

Nach der cyclischen Formel sollten Hydrazikörper entstehen:

$$R_2C\underset{\diagdown N}{\overset{\diagup N}{\big<}}\Vert + H_2 \;\rightarrow\; R_2C\underset{\diagdown NH}{\overset{\diagup NH}{\big<}}\,.$$

Staudinger und Gaule[5]) haben aber nachgewiesen, daß Hydrazikörper, auch wenn Radikale an den Stickstoffatomen sitzen, sich leicht (beim Schmelzen) in Hydrazone umlagern[6]):

---

[1]) Staudinger u. Jules Meyer, Helv. chim. acta **2**, 619, 635 (1919).
[2]) Ber. **17**, 953 (1884); J. pr. **39**, 109 (1889).
[3]) Gazz. **24**, II, 46 (1894).
[4]) Ber. **44**, 2522, 3336 (1911)
[5]) Ber. **49**, 1961 (1916).
[6]) Wulkan, Diss. Zürich, 1919, hat noch einige weitere Beispiele beigebracht.

$$(C_6H_4)_2C\Big\langle{N-COOR \atop N-COOR} \quad \rightarrow \quad (C_6H_4)C:N\cdot N\Big\langle{COOR \atop COOR}$$

Hydrazi mo no carbonester lagern sich schon bei Zimmertemperatur um. Erst Hydrazi-tri-carbonester[1]) erweisen sich beständiger. Man kann deshalb schließen[2]), daß einfache Hydrazikörper $R_2C\big\langle{NH \atop NH}$ keinen Bestand haben und sich sofort umlagern, womit die Hydrazonbildung bei der Reduktion der Diazokörper nach der cyclischen Formel gut erklärt wäre.

Forster und Cardwell[3]) und unabhängig von ihnen Zerner[4]) ließen Organo-Magnesiumverbindungen auf Diazokörper einwirken. Nach der cyclischen Formel sollten Azokörper entstehen, nach der offenen Hydrazone:

$$R_2C\Big\langle{N \atop N}\!\parallel + BrMgR' \quad \rightarrow \quad R_2CH-N:N\cdot R'$$

$$R_2C:N\cdot N + NrMgR' \quad \rightarrow \quad R_2C:N-NHR'$$

Es wurden Hydrazone erhalten. Dem ist aber entgegenzuhalten, daß die aliphatischen Azokörper außerordentlich leicht, besonders unter dem Einfluß katalytischer Agenzien, in Hydrazone übergehen (s. S. 91), worauf Forster und Cardwell übrigens auch hinweisen. Ein Beweis für die offene Formel ist also hiermit offenbar nicht erbracht.

Zu beachten ist ferner die Farbe der Diazokörper. Carbonylgruppen müßten im allgemeinen, wenn sie in α-Stellung zu einer ungesättigten Gruppe stehen, die Farbe der Verbindung vertiefen und ihre Reaktionsfähigkeit erhöhen, während sie in β-Stellung keinen Einfluß haben. Nach der offenen Formel stehen bei den Verbindungen vom Typus $R\cdot CO(R)C:N_2$ die Carbonylgruppen in α-Stellung, nach der cyclischen Formel in β-Stellung[5]):

$$\begin{array}{ccc} R\cdot C:O && R\cdot C:O \\ | && |\quad\diagdown N \\ R\cdot C:N:N && R\cdot C\big\langle{\,N \atop \parallel} \\ &&\qquad N \end{array}$$

[1]) Ernst Müller, Ber. **47**, 3001 (1914).

[2]) Staudinger u. Gaule, Ber. **49**, 1964 (1916).

[3]) J. Chem. Soc. **103**, 886 (1913).

[4]) W. Mon. **34**, 1612, 1624 (1913); Zerner formuliert übrigens die Diazokörper mit einwertigem Stickstoff $R_2C:N\cdot N<$.

[5]) Staudinger, Ber. **49**, 1892 (1916).

Tatsächlich wird die Farbe **nicht** vertieft (eher etwas aufgehellt), die Reaktionsfähigkeit nimmt sogar ab. Das spricht stark für die cyclische Formel. Auch die Untersuchung der Absorptionsspektren, die **Hantzsch** und **Lifschitz**[1]) angestellt haben, stimmen für die cyclische Formel.

Schwierig zu deuten sind mit der offenen Diazoformel die oben (S. 99 ff, sub 4) geschilderten Anlagerungen an ungesättigte Bindungen. Man müßte schon eine höchst ungewöhnliche Addition in 1-3-Stellung annehmen, während die cyclische Formel die Addition durch Ringaufspaltung leichtverständlich macht:

$$R_2C\!=\!N\!\equiv\!N \qquad\qquad R_2C\!\underset{:}{\overset{N}{\underset{N}{\diagup\diagdown}}}$$

(Addition durch punktierte Striche angedeutet).

Die offene Formel mit ihrem fünfwertigen Stickstoffatom soll die aliphatischen Diazoverbindungen in Analogie bringen zu den aromatischen Diazoniumverbindungen[2]). Dem ist aber entgegenzuhalten, daß die Diazoniumverbindungen **Salze** sind, und zwar Salze von starken Ammoniumbasen, welche ganz anorganischen Charakter haben. Die aliphatischen Diazokörper sind vielmehr den aromatischen Syn-diazoverbindungen zu vergleichen, deren Anhydride sie darstellen, und die nur dreiwertigen Stickstoff enthalten. Die cyclische Formel entspricht dem viel besser.

Bei Annahme der offenen Diazoformel müßten, wie **Thiele** auch angibt[3]), die Stickstoffwasserstoffsäure und die Azide analog formuliert werden:

$$\mathrm{NH\!:\!N\ N} \qquad\qquad \mathrm{R\cdot N\!:\!N\ N}$$

Nach dieser Formel müßten die Azide eigentlich äußerst unbeständige, sehr reaktionsfähige Körper sein, was durchaus nicht der Fall ist (s. S. 112). Das Phenylazid (Diazobenzol-imid) z. B. ist eine recht beständige, ziemlich reaktionsträge Substanz.

Wieland[4]) weist ferner darauf hin, daß bei Annahme der offenen Formel auch die sekundären asymmetrischen Hydrazine bei der Oxydation zu Diazokörpern führen müßten:

---

[1]) Ber. **45**, 3022 (1912).
[2]) Thiele, Ber. **44**, 2523 (1911).
[3]) Ber. **44**, 2524 (1911).
[4]) Wieland, Die Hydrazine, S. 116, Stuttgart 1913.

$$\frac{R}{R}{>}N-NH_2 \quad \rightarrow \quad \frac{R}{R}{>}N\equiv N$$

Bei der Oxydation entstehen aber unter Polymerisation Tetrazone
$R_2N \cdot N : N \cdot NR_2$. Nach der offenen Diazoformel sollten sich
auch die aliphatischen Diazokörper leicht polymerisieren. Dies
ist aber bisher nicht beobachtet. Gerade diese Stabilität wird
aber durch die cyclische Formel gut ausgedrückt.

Nach alledem erscheint die cyclische Formel den Tatsachen
weit besser gerecht zu werden und ist deshalb in diesem Buch benutzt worden.

Über die Konstitution der „Diazoanhydride" von Wolff ist
oben[1]) schon gesprochen worden. —

Es möge hier noch ein kurzer Überblick über die charakteristischen Vertreter der ringförmigen Diazoverbindungen Platz
finden:

$CH_2 : N_2$, Diazomethan[2]), gelbes giftiges Gas, welches in reinem
Zustand[3]) bei $-145°$ fest wird, bei $-23°$ siedet und sehr explosiv ist.

$CH_3 \cdot CH : N_2$, Diazoäthan[4]).

$CH_3 \cdot CH_2 \cdot CH : N_2$, n-Diazopropan[5]), $C_4H_8 : N_2$, n-Diazobutan[5])
tiefgelb.

$CH_2 : CH \cdot CH \cdot : N_2$, Diazo-propylen[5]), weinrot.

$(CH_3)_2C : N_2$, Dimethyl-diazomethan[6]), Diazo-isopropan, rot.

$C_6H_5 \cdot CH : N_2$, Phenyl-diazomethan[7]), rot.

$C_6H_5(CH_3)C : N_2$, Phenyl-methyldiazomethan[8]), tiefrot.

$(C_6H_5)_2C : N_2$, Diphenyl-diazomethan[9]), blaurot.

$(C_6H_4)_2C : N_2$, Diphenylen-diazomethan[10]), Diazofluoren, orangerot.

$CH_3 \cdot CO \cdot CH : N_2$, Acetyl-diazomethan[11]), Diazoaceton, hellgelb.

[1]) S. 106.

[2]) v. Pechmann, Ber. **27**, 1888 (1894); **28**, 855 (1895).

[3]) Thiele, Ann. **376**, 253 (1910); Staudinger u. Kupfer, Ber. **45**, 506 (1912)

[4]) Pechmann, Ber. **31**, 2643 (1898).

[5]) Nirdlinger u. Beree, Amer. chem. J. **43**, 358 (1910); C. C. 1910, I, 1977.

[6]) Curtius u. Pflug, J. pr. **44**, 537 (1891); Staudinger u. Gaule, Ber. **49**,
1904 (1916).

[7]) Hantzsch u. Lehmann, Ber. **35**, 903 (1902); Staudinger u. Gaule,
Ber. **49**, 1906 (1916).

[8]) Staudinger u. Gaule, Ber. **49**, 1907 (1916).

[9]) Staudinger, Anthes u. Pfenniger, Ber. **49**, 1932 (1916).

[11]) Staudinger u. Kupfer, Ber. **44**, 2207 (1911); Staudinger u. Gaule,
Ber. **49**, 1951 (1916).

[11]) Wolff, Ann. **394**, 39 (1912).

$CH_3CO(CH_3)C : N_2$,　Acetyl-methyl-diazomethan [1]),　orangefarben.

$(CH_3CO)_2C : N_2$,　Diacetyl-diazomethan [2]),　hellgelb.

$C_6H_5CO \cdot CH : N_2$, Benzoyl-diazomethan[3]), Diazoacetophenon, gelb.

$C_6H_5CO(C_6H_5)C : N_2$,　Benzoyl-phenyl-diazomethan[4]), Diazo-desoxy-
benzoin, Azibenzil, orangerot.

$(C_6H_5CO)_2C : N_2$, Dibenzoyl-diazomethan[6]), hellgelb.

$C_6H_5CO(CH_3CO)C : N_2$,　Acetyl-benzoyl-diazomethan[7]),　blaßgelb,

$C_2H_5OOC \cdot CH : N_2$, Diazoessigsäure-äthylester[8]), gelb.

$C_2H_5OOC(CH_3CO)C : N_2$,　Acetyl-diazoessigester[9]), hellgelb.

$C_2H_5OOC(C_6H_5CO)C : N_2$,　Benzoyl-diazoessigester[10]), gelb.

$(C_2H_5OOC)_2C : N_2$, Diazo-malonsäure-ester[11]), gelb, müßte wegen
seiner beiden Carbonylgruppen zu den Diazoanhydriden Wolffs
gehören, wird aber durch Schwefelwasserstoff nicht in ein Thio-
diazol-derivat übergeführt, sondern zum Hydrazon reduziert.

$$\overset{-CH : N_2}{\underset{-COOCH_3}{\bigcirc}}$$, Diazo-o-methyl-benzoesäure-methylester[12]),　rot.

$C_{10}H_{14}O : N_2$, Diazo-campher[13]), gelb.

Diazo-indole, Diazo-pyrrole, gelbe, ziemlich beständige Verbindungen[14]).

$$\underset{C_6H_5 \cdot C : N_2}{\overset{C_6H_5 \cdot C : N_2}{|}}$$, Diphenyl-bis-diazoäthan[15]), rot, ist sehr unbeständig

und spaltet sich sehr rasch in Tolan $C_6H_5 \cdot C \quad C \cdot C_6H_5$ und
Stickstoff.

---

[1]) Diels u. Pflaumer, Ber. **48**, 229 (1915).

[2]) Wolff, Ann. **325**, 139 (1902); **394**, 36 (1912).

[3]) Angeli, Ber. **26**, 1717 (1893); Wolff, Ann. **325**, 141 (1902).

[4]) Curtius u. Thun, J. pr. **44**, 182, Curtius u. Lang, J. pr. **44**, 545 (1891).

[5]) Staudinger u. Gaule, Ber. **49**, 1911 (1916).

[6]) Wieland, Ber. **37**, 2526 (1904); **39**, 1488 (1906).

[7]) Wolff, Ann. **325**, 137 (1902).

[8]) Curtius, Ber. **16**, 2230 (1883); J. pr. **38**, 396 (1888).

[9]) Wolff, Ann. **325**, 136 (1902); Staudinger, Becker u. Hirzel **49**, 1985
(1916).

[10]) Wolff, Ber. **36**, 3614 (1903).

[11]) Piloty u. Neresheimer, Ber. **39**, 514 (1906); Dimroth, Ann. **373**, 338
(1910); Staudinger, Becker u. Hirzel, Ber. **49**, 1983 (1916).

[12]) Oppé, Ber. **46**, 1097 (1913).

[13]) Schiff, Ber. **14**, 1373 (1881); Angeli, Ber. **26**, 1718 (1893); Bredt
u. Holz, J. pr. **95**, 133 (1917).

[14]) Angeli, Neue Studien in der Pyrrol- und Indolgruppe, S. 29, Stuttgart 1911,
Sammlung Ahrens.

[15]) Curtius u. Thun, J. pr. **44**, 186 (1891).

c) Azide der Fettreihe.

Hier seien noch die Azide der Fettreihe (Alkyl-azide) $R \cdot N \big\langle{}^{N}_{N}{\|}$ erwähnt. Analog dem Diazobenzolimid (s. S. 70) entstehen sie aus monosubstituierten Hydrazinen durch Diazotierung[1]:

$$R \cdot NH \cdot NH_2 + HNO_2 \;\rightarrow\; R \cdot N\big\langle{}^{N}_{N}{\|} + 2H_2O$$

ferner durch Einwirkung von Diazoniumsalzen auf Säurehydrazide[2]

$$R \cdot CO \cdot NH \cdot NH_2 + Cl \cdot N_2 \cdot C_6H_5 \;\rightarrow\; R \cdot CO \cdot N\big\langle{}^{N}_{N}{\|} + HCl \cdot NH_2C_6H_5 ,$$

am einfachsten schließlich durch Umsetzung von Salzen der Stickstoffwasserstoffsäure (AgN_3 oder dem jetzt leicht erhältlichen Natriumazid NaN_3) mit Halogenalkylen[3]) oder Dimethylsulfat[4]):

$$\substack{N \\ \| \\ N}\big\rangle N \cdot Me + Hal \cdot R \;\rightarrow\; \substack{N \\ \| \\ N}\big\rangle N \cdot R + MeHal .$$

Die erhaltenen Substanzen zeigen jedoch kaum mehr den Charakter der Diazoverbindungen. Ganz analog wie die Stickstoffwasserstoffsäure N_3H große Ähnlichkeit mit Chlorwasserstoffsäure HCl zeigt, verhält sich die Gruppe N_3 in den organischen Verbindungen wie Chlor, indem Verbindungen vom Typus $R \cdot CO \cdot N_3$ den Säurechloriden $R \cdot CO \cdot Cl$, vom Typus $N_3 \cdot CH_2 \cdot COOH$ der Chloressigsäure $Cl \cdot CH_2 \cdot COOH$, vom Typus $N_3 \cdot CH_2R$ den Chlorparaffinen $Cl \cdot CH_2R$ gleichen. Demgemäß spalten die Säureazide beim Verseifen die Gruppe N_3 leicht als N_3H ab:

$$C_6H_5 \cdot CO \cdot N_3 + H_2O = C_6H_5 \cdot COOH + N_3H ,$$

eine Reaktion, nach der von Curtius[5]) die Stickstoffwasserstoffsäure zuerst entdeckt wurde. Es gibt nur wenig Reaktionen, die an das Verhalten der Diazokörper erinnern. So spalten die Säureazide, wie Schroeter[6]) und unabhängig von ihm Forster[7])

---

[1]) Curtius, Ber. **23**, 3023 (1890); J. pr. **50**, 285 (1894).

[2]) Curtius, Ber. **26**, 1263 (1893); J. pr. **52**, 227 (1895).

[3]) Curtius u. Darapsky, J. pr. **63**, 433 (1901); Forster u. Fierz, J. Chem. Soc. **93**, 72 (1908).

[4]) Dimroth u. Wislicenus, Ber. **38**, 1573 (1905).

[5]) Ber. **23**, 3023 (1890).

[6]) Ber. **42**, 2339 (1909).

[7]) J. Chem. Soc. **95**, 433 (1909).

gefunden haben, beim Erhitzen in Benzollösung Stickstoff ab. Dabei bildet sich z. B. aus Benzazid unter Umlagerung Phenylisocyanat:

$$C_6H_5 \cdot CO \cdot N\underset{N}{\overset{N}{\diagdown\diagup}} = N_2 + C_6H_5 \cdot N : C : O \; .$$

Die Zersetzung ist der ebenfalls von Schroeter[1] aufgefundenen Spaltung von Phenyl-benzoyl-diazomethan in Diphenylketen und Stickstoff (s. S. 97) zu vergleichen:

$$\overset{C_6H_5}{\underset{C_6H_5 \cdot CO}{\diagup}}C\underset{N}{\overset{N}{\diagdown\diagup}} = N_2 + \overset{C_6H_5}{\underset{C_6H_5}{\diagup}}C : C : O \; .$$

Die Azido-essigsäure[2] $N_3 \cdot CH_2 \cdot COOH$ ist dagegen eine durchaus beständige Verbindung, während Diazoessigsäure in freiem Zustande nicht existenzfähig ist. Auch die einfachen Alkylazide [$CH_3 \cdot N_3$, wasserhelle Flüssigkeit[3]), $C_6H_5 \cdot CH_2 \cdot N_3$[4]), $N_3 \cdot CH_2 \cdot CH_2 \cdot N_3$[5]), $CH_2 : CH \cdot N_3$[6])] sind beständige Substanzen. Das Benzylazid $C_6H_5 \cdot CH_2 \cdot N_3$ wird weder von Alkalien noch von verdünnten Säuren in der Kälte angegriffen. Erst beim Erwärmen mit stärkeren Säuren tritt Stickstoffabspaltung ein unter Bildung von Benzaldehyd und Ammoniak[7]):

$$C_6H_5 \cdot CH_2 \cdot N\underset{N}{\overset{N}{\diagdown\diagup}} \; \rightarrow \; N_2 + C_6H_5CHO + NH_3$$

Wie das Diazomethan kann auch die freie Stickstoffwasserstoffsäure sich an ungesättigte Substanzen anlagern; so gibt sie mit Acetylen das 1, 2, 3-Triazol[8]):

$$\underset{\underset{N}{\overset{\|}{}}{\overset{NH}{\overset{N}{\diagup}}}}{} + \underset{CH}{\overset{CH}{\overset{\|\|\|}{}}} = \underset{N-CH}{\overset{\overset{NH}{\diagup\diagdown}}{N \quad CH}}$$

Die Reaktion tritt aber unvergleichlich viel schwieriger ein als beim Diazomethan.

---

[1]) Ber. **42**, 2346 (1909).

[2]) Forster u. Fierz, J. Chem. Soc. **93**, 72 (1905); Curtius, Darapsky u. Bockmühl, Ber. **41**, 355 (1908).

[3]) Dimroth u. Wislicenus, Ber. **38**, 1573 (1905).

[4]) Curtius, Ber. **33**, 2562 (1900); Wohl u. Oesterlin, Ber. **33**, 2736 (1900); Curtius u. Darapsky, J. pr. **63**, 428 (1901).

[5]) Forster, Fierz u. Joshua, J. Chem. Soc. **93**, 1071 (1908).

[6]) Forster u. Newmann, J. Chem. Soc. **97**, 2570 (1910).

[7]) Curtius u. Darapsky, J. pr. **63**, 436 (1901).

[8]) Dimroth u. Fester, Ber. **43**, 2219 (1910).

C. Anorganische Diazoverbindungen.

Der einfachste Azokörper, das Di-imin $HN : NH$ (Azowasserstoff) ist nach den bisherigen Untersuchungen[1] anscheinend nicht existenzfähig (s. S. 92). Auch die einseitig organisch substituierten Derivate des Di-imins $R \cdot N : NH$ sind nicht bekannt[2]. Solche Verbindungen zerfallen, wenn sie entstehen sollten, anscheinend regelmäßig unter Stickstoffentwicklung (s. S. 84 u. 92) $R \cdot N : NH \rightarrow R \cdot H + N_2$.

Auch das Oxy-diimin $HO \cdot N : NH$ ist nicht bekannt; dagegen ist das Dioxy-diimin $HO \cdot N : N \cdot OH$, die untersalpetrige Säure eine gut bekannte, viel untersuchte Verbindung[3]. Die Säure ist in fester Form[4] isoliert, auch ihre Salze und Ester [Diäthylester[5] $C_2H_5O \cdot N : N \cdot OC_2H_5$, Di-benzylester[6] $C_6H_5CH_2 \cdot O \cdot N : N \cdot O \cdot CH_2C_6H_5$] sind dargestellt. Sie entsteht durch Reduktion von Nitriten:

$$2\,NaO \cdot NO + 2\,H_2 = NaO \cdot N : N \cdot ONa + 2\,H_2O,$$

durch „diazotieren" von Hydroxylamin[7]:

$$HO \cdot NH_2 + ONOH = HON : NOH + H_2O,$$

durch Spaltung von Benz-sulf-hydroxamsäure[8]:

$$2\,C_6H_5SO_2NH \cdot OH + 2\,KOH = 2\,C_6H_5SO_2K + HON : NOH + 2\,H_2O,$$

durch Spaltung von Nitro-hydroxylaminsäure[9], welche man auch als eine anorganische Diazoverbindung auffassen kann:

---

[1] Thiele, Ann. **271**, 134 (1892); Raschig, Z. angew. Ch. 1910, 972.

[2] Vgl. Forster u. Withers, J. Chem. Soc. **103**, 226 (1913); eine Andeutung jedoch für ihre Existenz hat St. Goldschmidt dargetan, Ber. **46**, 1529 (1913).

[3] Hantzsch u. Kaufmann, Ann. **292**, 317 (1896); weitere Literatur Gmelin-Kraut, Handbuch d. anorg. Chemie, 7. Aufl., I, 1, 248. Heidelberg 1907.

[4] Hantzsch u. Kaufmann, Ber. **29**, 1394 (1896); Ann. **292**, 324 (1896); Piloty, Ber. **29**, 1567 (1896).

[5] Zorn, Ber. **11**, 1630 (1878).

[6] Hantzsch u. Kaufmann, Ann. **192**, 329 (1896).

[7] W. Wislicenus, Ber. **26**, 771 (1893).

[8] Piloty, Ber. **29**, 1559 (1896).

[9] Angeli, Gazz. **26**, II, 17 (1896); weitere Literatur Gmelin-Kraut, Handb. der anorg. Chemie I, 1, 330, Heidelberg 1907. Außerdem: Angeli, Über einige sauerstoffhaltige Verbindungen des Stickstoffs (Sammlung Ahrens), Stuttgart 1908.

$$2\,HO \cdot ON : NOH \;\rightarrow\; 2\,HONO + HON : NOH$$

Thiele[1]) hat ein Isomeres der untersalpetrigen Säure entdeckt das nach seiner Entstehung als Amid der Salpetersäure $H_2N \cdot NO_2$, Nitramid, erscheint. Beide Isomeren zerfallen leicht in Stickoxydul und Wasser:

$$HON : NOH \;\rightarrow\; N_2O + H_2O \;\leftarrow\; H_2N \cdot NO_2$$

Die Isomerie dieser beiden Verbindungen ist mehrfach erörtert worden[2]). Danach dürften die sehr unbeständigen Salze des Nitramids sich von einer tautomeren Azi-Form $\overset{\displaystyle HN : N \cdot OH}{O}$ ableiten oder gleich den Hyponitriten die Strukturformel $MeO \cdot N : N \cdot O(Me,H)$ besitzen und danach beide Salzreihen stereoisomere anorganische Diazoverbindungen sein:

$$
\begin{array}{cc}
(Me,\,H)O \cdot N & \qquad (Me,\,H)O \cdot N \\
\parallel & \qquad \parallel \\
MeO \cdot N & \qquad N \cdot OMe
\end{array}
$$

Allerdings sind die Isomerieverhältnisse noch nicht genügend aufgeklärt. Zu bedenken ist jedoch folgendes:

Die untersalpetrige Säure zeigt Analogien mit den Antidiazobenzolhydraten, das Nitramid Beziehungen zu den Syndiazokörpern.

Untersalpetrige Säure entsteht nämlich aus Nitrosomethyloxyharnstoff durch Alkalien, wobei als Zwischenprodukt notwendigerweise Nitrosohydroxylamin angenommen werden muß[3]):

$$
\underset{\displaystyle NO}{\overset{\displaystyle HO \cdot N \cdot CO \cdot N(CH_3)_2}{|}}
\;\rightarrow\;
\underset{\displaystyle NO}{\overset{\displaystyle HO \cdot NH}{|}}
\;\rightarrow\;
\underset{\displaystyle N \cdot OH}{\overset{\displaystyle HO \cdot N}{\parallel}}
$$

Nitrosohydroxylamin ist also die tautomere Nebenform der untersalpetrigen Säure, genau wie Nitrosoaniline (primäre Nitrosamine) die Nebenformen der Antidiazobenzolhydrate sind.

Nitramid zerfällt andererseits nach Thiele durch Alkalien so äußerst leicht in Stickoxydul, daß man diese Reaktion in Beziehung zu dem spontanen Zerfall vieler Syndiazoverbindungen bringen, die Reaktion also so darstellen kann:

$$
\underset{\displaystyle MeO \cdot N}{\overset{\displaystyle HO \cdot N}{\parallel}}
\;\rightarrow\;
\underset{\displaystyle MeO}{\overset{\displaystyle H}{|}} + O{<}^{\textstyle N}_{\textstyle N}
$$

---

[1]) Thiele u. Lachmann, Ber. **27**, 1909 (1894); Ann. **288**, 273 (1895).

[2]) Hantzsch, Ann. **292**, 340 (1896); **296**, 84, 111 (1897); Thiele, **296**, 100 (1897); Baur, Ann. **296**, 95 (1897); Hantzsch u. Sauer, Ann. **299**, 67 (1898).

[3]) Hantzsch u. Sauer, Ann. **299**, 67 (1898).

Hiernach dürften sich die Salze und Ester der untersalpetrigen Säure vom Antidiazodihydrat, die Salze aus Nitramid vom Syn-diazodihydrat ableiten. Diese Vorstellungen dürfen freilich nicht unverändert auf die beiden Wasserstoffverbindungen übertragen werden, seitdem die nächsten Verwandten des „Nitramids", die primären Nitramine $R \cdot N_2O_2H$ als Pseudosäuren und damit als echte Nitrokörper $R \cdot NH \cdot NO_2$ erkannt worden sind, die sich erst bei der Salzbildung in Verbindungen vom Hydroxyltypus $R \cdot NNO \cdot OMe$ umlagern.

Zum Schluß sei darauf hingewiesen, daß man die Tetrazone $R_2N \cdot N : N \cdot NR_2$ als die alkylierten Amide der untersalpetrigen Säure ansehen kann, und daß sich das Stickoxydul $\begin{smallmatrix} N=N \\ \diagdown\diagup \\ O \end{smallmatrix}$ und die Stickstoffwasserstoffsäure $\begin{smallmatrix} N=N \\ \diagdown\diagup \\ NH \end{smallmatrix}$ formal auch als anorganische Diazoverbindungen betrachten lassen.

Sachregister.

Fortschritte der Teerfarbenfabrikation und verwandter Industriezweige. An der Hand der systematisch geordneten und mit kritischen Anmerkungen versehenen Deutschen Reichspatente dargestellt von Dr. P. Friedlaender in Darmstadt.

Erster Teil.	1877—1887.	Unveränderter Neudruck 1920.	Preis M. 120.—
Zweiter Teil.	1887—1890.	Unveränderter Neudruck 1920.	Preis M. 270.—
Dritter Teil.	1890—1894.	Unveränderter Neudruck 1920.	Preis M. 480.—
Vierter Teil.	1894—1897.	Unveränderter Neudruck 1920.	Preis M. 600.—
Fünfter Teil.	1897—1900.	Unveränderter Neudruck 1920.	Preis M. 180.—
Sechster Teil.	1900—1902.	Unveränderter Neudruck 1920.	Preis M. 270.—
Siebenter Teil.	1902—1904.	Unveränderter Neudruck 1921.	Preis M. 360.—
Achter Teil.	1905—1907.	Unveränderter Neudruck 1921.	Preis M. 620.—
Neunter Teil.	1908—1910.	Unveränderter Neudruck 1921.	Preis M. 600.—
Zehnter Teil.	1910—1912.	Unveränderter Neudruck 1921.	Preis M. 660.—
Elfter Teil.	1912—1914.	Unveränderter Neudruck 1921.	Preis M. 600.—
Zwölfter Teil.	1914—1916.		Preis M. 72.—

Untersuchung der Kohlenwasserstofföle und Fette sowie der ihnen verwandten Stoffe. Von Professor Dr. D. Holde, Geheimer Regierungsrat, Dozent an der Technischen Hochschule Berlin-Charlottenburg. Fünfte, vermehrte und verbesserte Auflage, bearbeitet unter Mitwirkung von Dr. G. Meyerheim, Assistent am Materialprüfungsamt zu Berlin-Lichterfelde. Mit 136 Figuren. 1918. Gebunden Preis M. 36.—

Die Chemie des Fluors. Von Dr. Otto Ruff, o. Professor am anorganisch-chemischen Institut der Technischen Hochschule Breslau. Mit 30 Textfiguren. 1920. Preis M. 14 —

Biochemisches Handlexikon. Bearbeitet von hervorragenden Fachmännern, herausgegeben von Professor Dr. Emil Abderhalden, Direktor des Physiologischen Institutes der Universität Halle á. S. In neun Bänden. Weitere Ergänzungsbände erscheinen nach Bedarf.

I. Band, 1. Hälfte, enthaltend: Kohlenstoff, Kohlenwasserstoff, Alkohole der aliphatischen Reihe, Phenole. 1911.
Preis M. 44.—; gebunden M. 46.50

I. Band, 2. Hälfte, enthaltend: Alkohole der aromatischen Reihe, Aldehyde, Ketone, Säuren, Heterocyclische Verbindungen. 1911.
Preis M. 48.—; gebunden M. 50.50

II. Band, enthaltend: Gummisubstanzen, Hemicellulosen, Pflanzenschleime, Pektinstoffe, Huminsubstanzen, Stärke, Dextrine, Inuline, Cellulosen, Glykogen, die einfachen Zuckerarten, Stickstoffhaltige Kohlenhydrate, Cyklosen, Glucoside. 1911.
Preis M. 44.—; gebunden M. 46.50

III. Band, enthaltend: Fette, Wachse, Phosphatide, Protagon, Cerebroside, Sterine, Gallensäuren. 1911.
Preis M. 20 —; gebunden M. 22.50

IV. Band, 1. Hälfte, enthaltend: Proteine der Pflanzenwelt, Proteine der Tierwelt, Peptone und Kyrine, Oxydative Abbauprodukte der Proteine, Polypeptide. 1910. Preis M. 14.—

IV. Band, 2. Hälfte, enthaltend: Polypeptide, Aminosäuren, Stickstoffhaltige Abkommlinge des Eiweißes und verwandte Verbindungen, Nucleoproteide, Nucleinsäuren, Purinsubstanzen, Pyrimidinbasen. 1911. Preis M. 54.—;
mit der 1. Hälfte zus. gebunden M. 71.—

V. Band, enthaltend: Alkaloide, Tierische Gifte, Produkte der inneren Sekretion, Antigene, Fermente. 1911.
Preis M. 38. -; gebunden M. 40.50

VI. Band, enthaltend: Farbstoffe der Pflanzen- und der Tierwelt. 1911.
Preis M. 22.—; gebunden M. 24.50

VII. Band, 1. Hälfte, enthaltend: Gerbstoffe, Flechtenstoffe, Saponine, Bitterstoffe, Terpene. 1910. Preis M. 22.—

VII. Band, 2. Hälfte, enthaltend: Ätherische Öle, Harze, Harzalkohole, Harzsäuren, Kautschuk. 1912. Preis M. 18.—;
mit der 1. Hälfte zus. gebunden M. 43.—

VIII. Band (Ergänzungsband), Gummisubstanzen, Hemicellulosen, Pflanzenschleime, Pektinstoffe, Huminstoffe, Stärke, Dextrine, Inuline, Cellulosen, Glykogen. Die einfachen Zuckerarten und ihre Abkömmlinge. Stickstoffhaltige Kohlenhydrate. Cyklosen. Glucoside. Fette und Wachse. Phosphatide. Protagon. Cerebroside. Sterine. Gallensäuren. 1914. Preis M. 34.—; gebunden M. 36.50

IX. Band (2. Ergänzungsband), Proteine der Pflanzenwelt und der Tierwelt, Peptone und Kyrine. Oxydative Abbauprodukte der Proteine. Polypeptide. Aminosäuren. Stickstoffhaltige Abkömmlinge des Eiweißes unbekannter Konstitution. Harnstoff und Derivate. Guanidin. Kreatin, Kreatinin. Amine. Basen mit unbekannter und nicht sicher bekannter Konstitution. Cholin. Betaine. Indol und Indolabkömmlinge. Nucleoproteide. Nucleinsäuren. Purin und Pyrimidinbasen und ihre Abbaustufen. Tierische Farbstoffe. Blutfarbstoffe, Gallenfarbstoffe. Urobilin. 1915.
Preis M. 28.—; gebunden M. 30.50

X. Band (3. Ergänzungsband).
In Vorbereitung

Ausfuhrliche Probelieferung (100 Seiten Umfang) mit Inhaltsverzeichnis und Sachregister des vollständigen Werkes sowie Probeseiten stehen auf Wunsch kostenlos zur Verfügung.